Der Kesselbaustoff

Abriß dessen
was der Dampfkessel-Überwachungs-Ingenieur von
der Herstellung, den Eigentümlichkeiten und der
Prüfweise des Baustoffs wissen muß

Anläßlich eines Lehrganges
auf der Gußstahlfabrik der Fried. Krupp A.G.
gehaltene Vorträge

von

Dr.-Ing. Max Moser

Dritte, durchgesehene und ergänzte Auflage

Mit 143 Abbildungen

Springer-Verlag Berlin Heidelberg GmbH
1928

Alle Rechte, insbesondere das der Übersetzung
in fremde Sprachen, vorbehalten.

ISBN 978-3-662-38681-1 ISBN 978-3-662-39555-4 (eBook)
DOI 10.1007/978-3-662-39555-4

Softcover reprint of the hardcover 3rd edition 1928

Vorwort.

Bei der Gestaltung der einzelnen Vorträge war neben der Einstellung auf Kürze vor allem das Bestreben maßgebend, durch Benutzung durchgehender Leitgedanken möglichste Einprägsamkeit zu erzielen.

In der zweiten Auflage wurden neu berücksichtigt in Vortrag II: Das Izett-Flußeisen, Seite 17 (Abb. 67 und 77); in Vortrag III: Die Bestimmung der Schwingungsfestigkeit, Seite 27 (Abb. 135).

Zu Ergänzungszwecken wurden aufgenommen die Abb. 128 bis 132 mit zugehöriger Beschreibung, ferner Abb. 32 als Ersatz für die frühere Abbildung gleicher Nummer.

Die dritte Auflage ist um einige Werte vermehrt sowie durch andere Zusätze ergänzt worden.

Essen, im August 1928.

M. Moser.

Inhalt.

I.
Die Herstellung des Kesselbaustoffes.   Seite 1—8

Die Grundlagen des Frischens; Oxydation und Desoxydation. Herdfrischen und Windfrischen; Einrichtungen, Brennstoff, Sauerstoffquellen, Schaulinien. Der Guß und die Sonderheiten des erstarrten Werkstoffes; Gasblasen, Lunker, Guß-, Blasen-, Kristall-Seigerung.

II.
Der innere Aufbau der Eisenkohlenstofflegierungen.   9—17

Kristallcharakter des Eisens; Dendrite, Kristallkörner. Primäre und sekundäre Kristallisation. Das Feingefüge; feste Lösung und Zerfallprodukte. Wirkung der Wärme und der mechanischen Beanspruchung; überhitzter und verbrannter Stahl, Rückkristallisation, Alterung, Kraftwirkungslinien, Normalisierung. Nahtlose Kesselkörper. Sonderflußeisen von geringer Alterungsempfindlichkeit.

III.
Die Prüfung des Werkstoffes.   18—29

Grundlinien der Werkstoffprüfung. Die chemische und die mechanische Prüfung. Übergang von der unmittelbaren zur mittelbaren Prüfweise. Schwächen dieses Verfahrens. Einfluß der Versuchsbedingungen. Ungleichheit des Werkstoffes. Statische und dynamische Prüfverfahren. Bedeutung des Bruchaussehens. Dauerversuche. Kontrolle der Prüfmaschinen.

I.
Die Herstellung des Kesselbaustoffes.

Die Grundlagen des Frischens; Oxydation und Desoxydation. Herdfrischen und Windfrischen; Einrichtungen, Brennstoff, Sauerstoffquellen, Schaulinien. Der Guß und die Sonderheiten des erstarrten Werkstoffes; Gasblasen, Lunker, Guß-, Blasen-, Kristall-Seigerung.

Meine Herren, der Gegenstand Ihrer Fürsorge und Betreuung ist angefertigt aus Produkten der Stahlindustrie. Wenn wir uns für die Entstehungsgeschichte dieser Produkte interessieren, so werden wir zweckmäßig da einsetzen, wo die zielbewußte Erzeugung des Kesselbaustoffes abzweigt von der allgemeinen Linie der Eisen- und Stahlgewinnung. Diese Wegscheide liegt da, wo der Stahlmann dazu übergeht, eine soundso viel Tonnen umfassende Schmelze (Charge) bestimmter Zusammensetzung für die Zwecke des Kesselbaues herzustellen.

In Betracht kommen für uns heute praktisch nur die Martinstahlschmelze, die im Siemens-Martin-Ofen niedergeschmolzen wird, und die Thomasstahlschmelze, zu deren Behandlung der Konverter, auch Birne genannt, dient.

Den beiden Verfahren, dem Siemens-Martin-Verfahren und dem Thomasverfahren, ist Wesentliches gemeinsam. Beide wollen Eisenbegleiter, die uns teils durch ihre Art, teils durch ihre Menge unwillkommen sind, aus dem flüssigen Stahl entfernen und schließlich ein Endprodukt von der gewünschten chemischen Zusammensetzung liefern. Der Weg selbst, auf dem dieses Ziel erstrebt wird, ist bei beiden Verfahren letzten Endes derselbe, nämlich durch „Verbrennung" der zu beseitigenden Bestandteile. Man läßt die Eisenbegleiter bei hoher Temperatur eine feste oder gasförmige Verbindung mit Sauerstoff eingehen. Auch die dem erstarrten Material eigenen Sonderheiten haften den Erzeugnissen beider Verfahren in gleichartiger Weise an. Verschieden ist beiden Verfahren

1. die Erzeugung der erforderlichen Temperaturen und
2. die Art der Sauerstoffzufuhr.

Betrachten wir zunächst das beiden Verfahren gemeinsame Verbrennen der Eisenbegleiter und dann die verschiedene Art, wie die technischen Aufgaben der Temperaturerzeugung und der Sauerstoffzufuhr gelöst worden sind.

Das Frischen.

Die erwähnte Reinigung der Schmelzen mit Hilfe des Sauerstoffes bezeichnet man als Frischen. Die gasförmigen Produkte des Frischens entweichen, die festen Verbrennungsprodukte steigen, weil spezifisch leichter als das Metallbad, in diesem in die Höhe und treten in die auf der Oberfläche des Bades schwimmende Schlacke über.

Wie die einzelnen chemischen Vorgänge hierbei ablaufen, darauf näher einzugehen, ist im Rahmen unserer Betrachtung nicht am Platze, aber auf eines muß ich aufmerksam machen, denn es ist für das Verständnis aller Frischverfahren von grundlegender Bedeutung. Nämlich, der Sauerstoff geht beim Frischen durchaus nicht direkt an die Eisenbegleiter heran, die er beseitigen helfen soll, sondern er macht den Umweg über einen Zwischenträger: er verbindet sich zunächst mit dem Eisen selbst.

$$Fe + O = FeO$$
$$\text{Eisen} + \text{Sauerstoff} = \text{Eisenoxydul}$$

Wie leicht die Verbindung zwischen Eisen und Sauerstoff schon bei gewöhnlicher Temperatur vor sich geht, sehen wir an einem tagtäglich vor unsern Augen sich abspielenden Verbrennungsbeispiel des Eisens, dem Rosten.

Wir erhalten also beim Frischen in dem Bade zunächst Eisen-Sauerstoff-Verbindungen, in der Hauptsache Eisenoxydul. Dieses Eisenoxydul tritt dann seinen Sauerstoff an den Kohlenstoff, das Mangan usw. ab.

Frischvorgänge:

$$FeO + C = Fe + CO$$
$$FeO + Mn = Fe + MnO$$
$$5FeO + 2P = 5Fe + P_2O_5$$
$$2FeO + Si = 2Fe + SiO_2$$

Das Eisen schüttelt sozusagen den bei verhältnismäßig niederen Temperaturen mit ihm in Verbindung tretenden Sauerstoff bei den höheren Temperaturen von sich ab und gibt ihn an seine Begleiter weiter. Der Kohlenstoff verbindet sich so zu gasförmigem Kohlenoxyd, das aus dem Bad entweicht. Dieses Entweichen des Kohlenoxydgases verursacht stets lebhaftes, dem Stahlmann die Vorgänge anzeigendes Kochen des Bades. Mangan, Phosphor und Silizium verbrennen zu festen Bestandteilen, deren Pflicht es nun ist, möglichst vollzählig in die Schlackendecke überzutreten.

Das Frischen wird so lange fortgesetzt, bis die erstrebte Reinheit des Bades von den Eisenbegleitern erreicht ist. Zumeist geht man hierbei weiter als für den Endzweck erforderlich und stellt dann durch Zusätze die gewünschten Gehalte wieder her. Die Zusammensetzung der Schmelze läßt sich so leichter abstimmen.

Die Schmelze oder Charge ist damit analytisch fertig, vor dem Abstechen muß aber erst noch eine gewisse Vorsichtsmaßnahme ausgeübt werden.

Wir sahen vorhin, wie leicht sich Eixenoxydul im Bade bildet. Solange wir frischen wollten, war uns das Eisenoxydul willkommen, selbst in einem gewissen Überschuß. Jetzt, wo die Schmelze fertig ist und wir sie abstechen wollen, ist das noch in dem Bade gelöste Eisenoxydul lästig. Es ist nun selbst zum unwillkommenen Eisenbegleiter geworden, den wir nicht gerne in das fertige Produkt mit hinübernehmen. Denn wir wissen, daß oxydulhaltiger Stahl zu Rotbruch neigt, er reißt beim Walzen oder Schmieden. Wir müssen das überschüssige Eisenoxydul also zerstören. Wir tun dies, indem wir die Schmelze „desoxydieren". Zu diesem Zweck geben wir noch eine kleine, entsprechend abgemessene Menge Silizium oder Mangan oder Aluminium bei und spalten auf diese Weise die Eisen-Sauerstoff-Verbindung. Selbstverständlich bilden sich da auch wieder, wenn auch nicht mehr in hohem Betrage, feste Verbrennungsprodukte des beigegebenen Reduktionsmittels, von denen wir auch wieder hoffen, daß sie nach oben steigen und in die Schlacke gehen. Nicht immer erfüllen sie unsere Hoffnung.

Wieweit es gelungen ist, das Eisenoxydul zu beseitigen, erkennen wir nachher, wenn wir den Stahl in die Formen gießen. Ist nämlich noch unversehrtes Eisenoxydul im Stahl, so bildet es bei dieser Durchmischung mit dem Kohlenstoff des Stahles gasförmiges Kohlenoxyd, das während des Gießens und Erstarrens entweicht und dem Guß, ganz entsprechend dem Kochen des Bades, den Charakter der Unruhe verleiht. Hinreichend desoxydierter Stahl vergießt sich „ruhig".

Da die beigegebenen Beruhigungsmittel nicht ohne Einfluß auf die Eigenschaften des Fertigproduktes sind, so begnügt man sich in gewissen Fällen mit einer beschränkten Beruhigung des Stahles. Hierher gehört im Rahmen unserer Betrachtung der Fall der Schweißbleche. Siliziumfreies Flußeisen läßt sich im Feuer besser schweißen als solches, dem bei der Beruhigung Silizium zugesetzt worden ist. Man vermeidet daher bei für solche Bleche bestimmten Schmelzen die Silizierung und vergießt sie lieber unruhig.

Das Siemens-Martin-Herdfrischverfahren.

Bei dem Siemens-Martin-Verfahren erfolgt das Frischen auf dem flachen Herd eines Flammofens. In dem Namen des Verfahrens verbinden sich historisch deutsche und französische Ingenieurkunst. Bereits in den 60er Jahren des vorigen Jahrhunderts versuchten nämlich die Gebrüder Martin in Sireuil Roheisen im Flammofen unter Zusammenschmelzen mit Schmiedeeisenschrot zu frischen. Das Verfahren mißlang jedoch wegen nicht hinreichend hoher Wärmegrade. Die erforderlich hohe Temperatur der über dem Herd wagerecht hinstreichenden Flammen zu erzielen, wurde erst durch die Wilhelm-v.-Siemens-Feuerung ermöglicht. Siemens ging von der Erkenntnis aus, daß man die

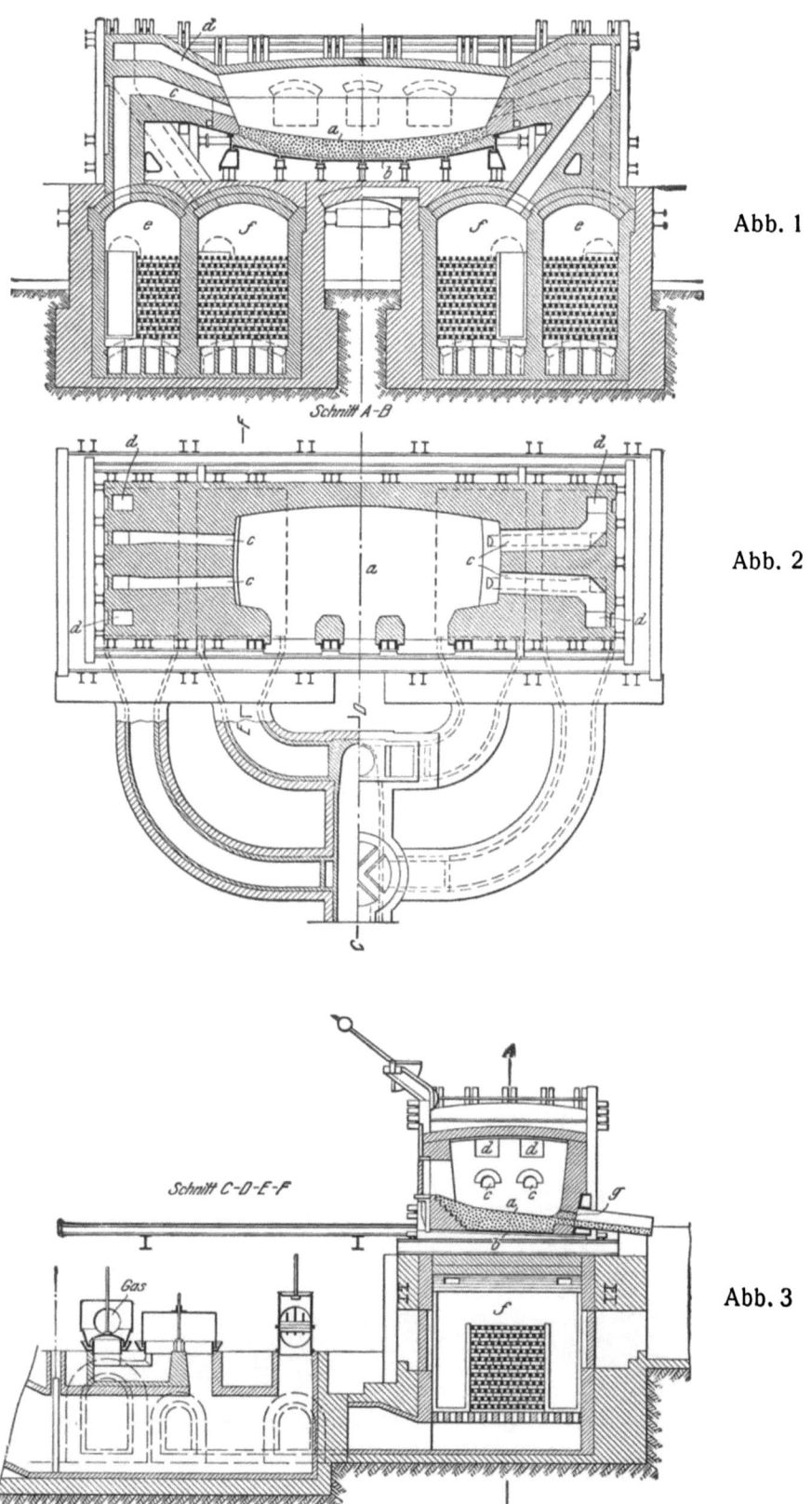

Abb. 1

Abb. 2

Abb. 3

Abb. 4

Abb. 5

Hitze einer Gasflamme ganz beträchtlich steigern kann, wenn man vor dem Entzünden das Gasluftgemisch erwärmt, und führte diese Vorerwärmung beim Flammofen ein. Hierzu ließ er die Abgase des Ofens durch Kammern streichen, durch die er nachher, wenn die Kammern genügend erhitzt waren, das Gas und die Luft zuströmen ließ.

Abb. 1—3[1] zeigen Schnitte durch einen Siemens-Martin-Ofen, wie solche seit 1865 in regelmäßigem Betrieb sind. In Deutschland gebräuchliche Badgröße 20—40 t. a = Herd, Länge 12—18 m, Breite 4—5 m, Badtiefe am Stichloch ca. 0,5 m; darüber die 3 Arbeitstüren. c und d = Brennerköpfe mit Gas- und Luftaustritten. e und f = Kammern (Wärmespeicher) zur Vorerhitzung von Luft und Gas. g = Abstichloch mit Ausflußrinne. Vor dem Ofen, Schnittlinie C D, die Umschaltventile für Gas und Luft.

Abgase einerseits, Luft- und Gaszustrom anderseits werden in ständigem Wechsel so umgeschaltet, daß Luft und Gas jedesmal durch diejenigen Wärmespeicher geleitet werden, die die Abgase vorher erhitzt hatten.

Der Siemens-Martin-Ofen wird neuerdings auch kippbar, mit einem Fassungsvermögen von 100—200 t, ausgeführt. Der in Abb. 4 dargestellte Kippofen ruht auf beweglichen, auf kreisförmiger Bahn laufenden Rollen und ist um die eigene Achse drehbar. Vorteil des Kippofens: Möglichkeit abgesetzten Arbeitens, auch mit Änderung der Chargenanalyse in den einzelnen Absätzen.

Das auf dem Herd befindliche Bad ist niedergeschmolzen aus dem sogenannten Einsatz. Für die uns heute interessierenden Zwecke besteht der Einsatz einesteils aus Roheisen und Eisenerz, andernteils aus sogenanntem Schrot, d. h. Alteisen jeglicher Art. Es gibt fast keine Art Schrot, die nicht eingeschmolzen werden kann; alte Kurbelwellen, alte Bandagen, Kesselteile, Walzen und was sonst an ehemaligen Schmiedestücken eingeht, alles kann wieder nutzbringend verwendet werden. Ausgeschlossen sind nur solche Teile, welche schädliche und nicht absonderungsfähige Körper in das Bad einführen würden, so z. B. Weißbleche wegen ihres Zinngehaltes. Man wählt den Anteil von Roheisen sowie von Erz und von Schrot so, daß die zusammengeschmolzene Mischung einen durch die Praxis als für das Verfahren günstig erkannten Durchschnittsgehalt an Kohlenstoff, Mangan, Silizium usw. hat.

Das Einsetzen des Roheisens, des Erzzuschlages, der Schrotstücke geschah früher von Hand. Heutzutage verwendet man dazu maschinelle Einrichtungen. Abb. 5 zeigt einen Chargierkranen, dessen unterer Teil schwenkbar ist. Ein vor- und zurückbewegbarer sowie um seine Längsachse drehbarer Schwengel faßt die vorher gefüllten und bereitgestellten Chargiermulden, führt sie in den Ofen ein und kippt ihren Inhalt auf den Herd aus.

Als Brennstoff für das Flammenhemd über dem Herd wird dem Siemens-Martin-Ofen in besonderen Generatoranlagen erzeugtes Generatorgas zugeführt. Das Gas und die erforderliche Luft werden jedes für sich beim Durchstreichen durch die Wärmespeicher vorerwärmt und gelangen beim Austreten aus den Brennerköpfen zur Mischung und Entzündung.

Ein Gasgenerator ist ein schachtartiger Ofen, in welchem Brennstoffe unter beschränktem Luftzutritt in brennbare Gase verwandelt werden. Abb. 6. In vorliegendem Falle wird Steinkohle vergast, und das erzeugte Gas besteht in der Hauptsache aus Kohlenoxyd. Es ist nicht uninteressant, zu wissen, daß unter mittleren Verhältnissen für das Frischen von 1 t Stahl ca. 200—250 kg Steinkohlen von 7000 Kalorien benötigt werden.

Abb. 7[2] zeigt den Durchschnitt durch ein vollständiges Martinwerk: Ofen, Arbeitsbühne, Chargierkran im Begriff, eine gefüllte Mulde vom Wagen abzuheben, Generatoranlage (rechts), Gaszuführung, Ausflußrinne usw.

Das aus dem Einsatz niedergeschmolzene Bad wird nun in der schon beschriebenen Weise durch Sauerstoffeinwirkung gefrischt. Woher nehmen wir beim Siemens-Martin-Verfahren den Sauerstoff hierfür?

Zur Verfügung steht zunächst der Sauerstoffgehalt des über das Bad hinstreichenden Heizgasstromes. Ferner der Sauerstoff, der sich in so reichem Maße im Eisenerz befindet. Der Einsatz besteht ja aus Roheisen, Erz und Schrot, und Sie wissen, daß die Eisenerze in der Hauptsache nichts anderes sind als Eisen-Sauerstoff-Verbindungen.

Es ist vielleicht ganz gut, sich dies bei der heutigen Gelegenheit zu vergegenwärtigen: Roteisenstein = Fe_2O_3, Magneteisenstein $(FeO+Fe_2O_3) = Fe_3O_4$, Spateisenstein $(FeO+CO_2) = FeCO_3$, Brauneisenstein $(2Fe_2O_3+3H_2O) = Fe_4H_6O_9$.

Eine dritte Sauerstoffquelle haben wir in der nie fehlenden Rostschicht des Eisenschrots.

---

[1] Aus „Gemeinschaftliche Darstellung des Eisenhüttenwesens"; siehe Schlußblatt.
[2] Aus „Hütte" Taschenbuch für Eisenhüttenleute; siehe Schlußblatt.

Den aus diesen verschiedenen Quellen stammenden Sauerstoff benutzen wir in der eingangs beschriebenen Weise zum Frischen des Bades. Schaubild 8 zeigt die Verbrennungskurven der Eisenbegleiter in der Art, daß zu den Zeiten die jeweils gemessenen prozentualen Gehalte angeschrieben sind.

Man erkennt, daß der Kohlenstoff schwieriger zum Oxydieren gelangt als Silizium und Mangan. Er verbrennt erst, nachdem die Temperatur des Bades genügend hoch gestiegen ist. Der Siliziumgehalt des Einsatzes ist schon nach beendigtem Einschmelzen annähernd vollständig abgeschieden. Auch das Mangan wird in der Hauptmenge rasch oxydiert.

Das bereits erwähnte Kochen des Bades während der Periode des Entweichens der Kohlenoxydgase ist beim Herdfrischen sehr deutlich zu sehen, sein An- und Abschwellen geht Hand in Hand mit dem Verlauf der C-Kurve in der Abbildung.

Entnommene kleine Schöpfproben zeigen durch ihr Verhalten beim Ausgießen, Schmieden und Biegen und durch ihr Bruchkorn dem Stahlwerker an, wie weit der Prozeß gediehen ist.

Hat das Bad die erstrebte Reinheit erreicht, so wird die Zusammensetzung der Charge in der schon berührten Weise einreguliert, zumeist ist wenigstens eine „Rückkohlung" des Bades erforderlich.

Das Thomas-Windfrischverfahren.

Das Thomasverfahren gehört zu den sogenannten Windfrischverfahren. Beim Windfrischen wird Gebläsewind durch das flüssige Roheisen geleitet, welches entweder unmittelbar aus dem Hochofen entnommen wird oder vorher in einem besonderen Ofen niedergeschmolzen wurde. Die Eisenbegleiter werden so in dem das Bad von unten nach oben durchdringenden Sauerstoffstrom verbrannt.

Abb. 9 veranschaulicht die für das Windfrischen angewandten Gefäße. Man nennt sie ihrer Form wegen „Birne" (Bessemerbirne, Thomasbirne) oder auch, die englische Bezeichnung wählend, Konverter. Die Birnen sind in wagerechten Zapfen aufgehängt und werden mit Hilfe maschineller Einrichtung umgelegt, um gefüllt und entleert zu werden. Der Körper der Birnen besteht aus einem schmiedeeisernen Mantel mit feuerfestem Futter. Von unten her strömt durch die Öffnungen im Boden der durch den einen Zapfen zugeleitete Gebläsewind, oben entweichen die Gase durch die verengte Mündung, welche auch zum Einbringen des flüssigen Roheisens und später zum Entleeren der Birne dient. Man nennt den verengten Teil den Hals der Birne. Die Mündung ist seitlich angeordnet, damit während des heftigen Kochens des Metalles Auswürfe nach Möglichkeit vermieden werden.

Solange die mit flüssigem Metall gefüllte Birne aufrecht steht, verhindert der Druck des durch die Öffnung des Bodens aufsteigenden Windes das Eintreten des Metalles in die Windöffnungen. Wenn die Birne aber auf den Rücken gelegt ist, muß für das Metall ein ausreichender Raum bleiben, daß die Öffnungen sich oberhalb seines Spiegels befinden und man den Wind abstellen kann, ohne daß Metall in die Windöffnungen gelangt. Daher die bauchige Gestalt der Birne. Mit Rücksicht auf das beim Windfrischen sehr stürmische Kochen des Bades bei der C-Verbrennung, muß der Rauminhalt der Birne erheblich größer sein als der Raum, welchen das flüssige Metall einnimmt. Da der Boden in stärkerem Maße als das übrige Futter der Birne der Zerstörung preisgegeben ist, wird er fast stets für sich allein gefertigt und zum Auswechseln eingerichtet.

Der Erfinder des ältesten Windfrischverfahrens und damit des Windfrischens überhaupt, Bessemer, benutzte einen kieselsäurereichen Baustoff zur feuerfesten Auskleidung der für die Durchführung des Prozesses erforderlichen Vorrichtungen, andere hochfeuerfeste Materialien waren damals nicht bekannt. Das Verbrennungsprodukt des Phosphors, die Phosphorsäure, vermag aber mit siliziumhaltiger Schlacke nicht zusammenzugehen; die Anwesenheit hinreichender Mengen Kieselsäure vermag sogar in ihrer letzten Auswirkung eine Reduktion der Phosphorsäure und ein Wiederfreiwerden des Phosphors herbeizuführen. Der Phosphor des Roheisens wurde daher beim Bessemerverfahren ebensowenig als in andern Fällen, wo eine kieselsaure Schlacke sich bilden kann, abgeschieden. Um phosphorreines schmiedbares Eisen darzustellen, war man gezwungen, phosphorreines Roheisen zu verwenden.

Dieser Umstand bildete eine Erschwerung für die Anwendung des Verfahrens in Gegenden, wo phosphorfreie Erze nicht vorhanden sind. Insbesondere die deutschen Lizenznehmer waren genötigt, ausländische, vor allem spanische und afrikanische Erze zu verhütten, um ein für das Bessemerverfahren geeignetes phosphorarmes Roheisen zu gewinnen.

Abb. 6

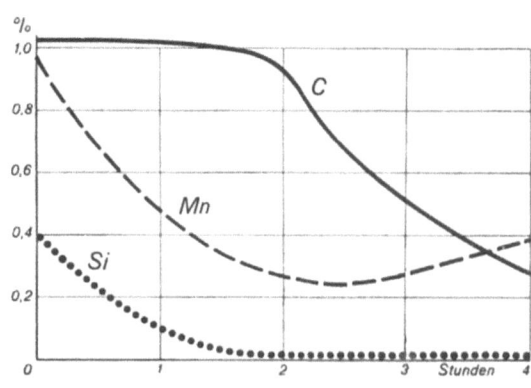

Abb. 8

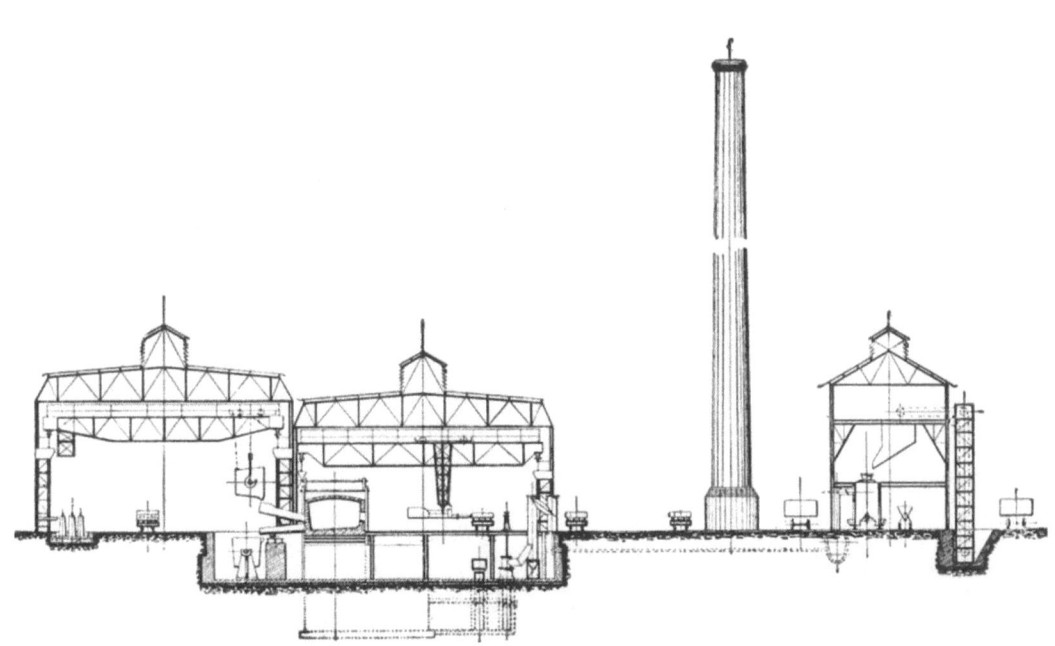

Abb. 7

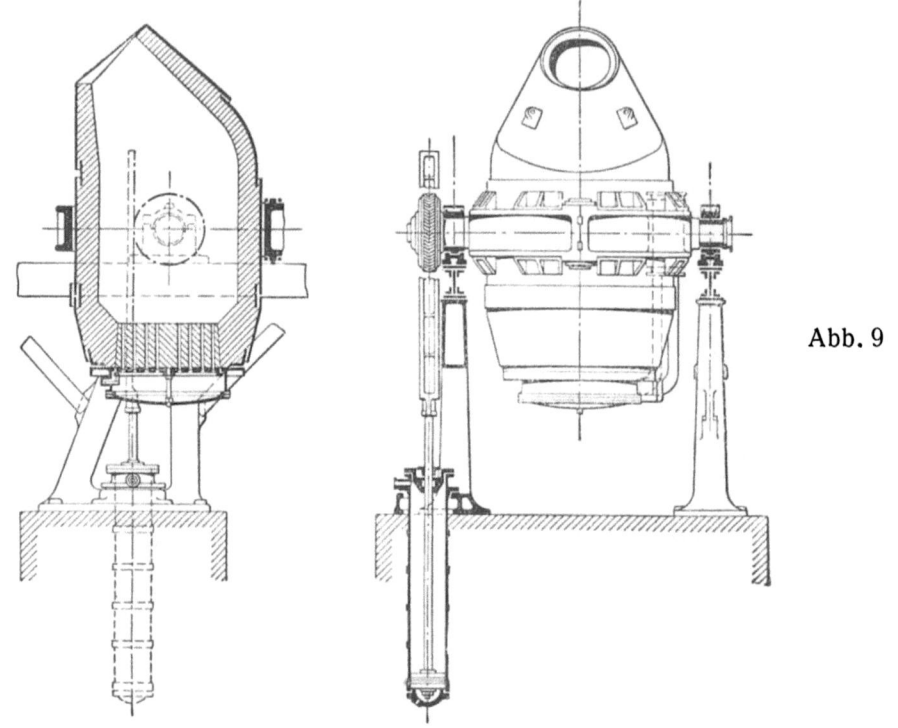

Abb. 9

Abb. 10

Daß es möglich sein werde, eine Entphosphorung beim Windfrischen zu erzielen, wenn es gelänge, basische Ausfutterung des Behälters und basische Zuschläge anzuwenden, war schon öfters als Vermutung, die durch Versuche im kleinen gestützt wurde, ausgesprochen worden. Die Ausführung des Verfahrens im großen aber scheiterte an der Schwierigkeit, ein basisches Futter herzustellen, welches in der hohen Temperatur ausreichend haltbar ist. Im Jahre 1878 gelang es nun den Engländern Thomas und Gilchrist durch Anwendung eines aus gebranntem Dolomit hergestellten Futters, diese Schwierigkeiten zu überwinden. Man bezeichnet das Thomasverfahren daher auch als das basische Windfrischverfahren und benennt im Gegensatz dazu das mit saurem Futter arbeitende ältere Bessemerverfahren als das saure Windfrischverfahren.

In Bälde konnte das Verfahren im Großen vorgeführt werden und bahnte sich dann auch seinen Weg nach Deutschland, für das es infolge des Reichtums an phosphorreichen Erzen rasch eine größere Bedeutung als für alle übrigen stahlerzeugenden Länder gewann. Vor dem Kriege lieferte von dem durch das Thomasverfahren gewonnenen Flußstahl Deutschland ungefähr $3/4$ der Menge.

Es möge hier darauf hingewiesen werden, daß wir auch beim Siemens-Martin-Verfahren saures oder basisches Herdfutter anwenden können. Wir sprechen deshalb auch beim Siemens-Martin-Stahl von einer Herstellung nach dem sauren und nach dem basischen Verfahren, abgekürzt auch vom sauren und basischen Stahl. In Deutschland überwiegt auch beim Martinofen das basische Verfahren.

Beim Windfrischen gelangt im Gegensatz zum Herdfrischen fremder Brennstoff zur Erhitzung des Bades nicht zur Anwendung. Demnach ist es einzig und allein die Verbrennungswärme der durch den durchgeblasenen Sauerstoff verbrannten Bestandteile, die das Bad vor dem Erstarren schützt und sogar seine Temperatur noch beträchtlich erhöht.

Es ist auch für den Nichthüttenmann ganz interessant, sich einmal die Frage vorzulegen, inwieweit denn die Temperatur des Bades durch die Verbrennung der Eisenbegleiter und natürlich auch des Eisens erhöht werden kann. Es läßt sich auch tatsächlich mit einiger Annäherung angeben, in welchem Maße die einzelnen Bestandteile des Roheisens befähigt sind, bei ihrer Verbrennung Wärme zu liefern.

Nach Ledebur beträgt die durch 1% verbrennenden Eisens hervorgerufene Temperatursteigerung etwa 28 Grad. Sie ist demnach nicht erheblich.

Die Verbrennung von 1% Mangan ergibt eine Temperatursteigerung von etwa 46 Grad.

Die Temperatursteigerung durch Verbrennung von 1% C-Stoff beträgt etwa 6 Grad. In der Praxis hat man stets beobachtet, daß der C-Gehalt des Roheisens ohne Belang für die Wärmeentwicklung ist.

Die durch 1% verbrennenden Siliziums hervorgerufene Temperatursteigerung beträgt dagegen etwa 200 Grad. Es ergibt sich daraus, daß schon ziemlich kleine Mengen Siliziums ausreichend sind, durch ihre Verbrennung wesentliche Temperatursteigerung des Bades hervorzubringen.

Die durch Verbrennung von 1% Phosphor hervorgerufene Temperatursteigerung beträgt etwa 120 Grad.

Beim Thomasverfahren mit seinem phosphorreichen Roheisen ist daher der Phosphor das am stärksten wirkende Brennmaterial.

Außer der chemischen Zusammensetzung beeinflußt selbstverständlich auch die Menge des auf einmal zu frischenden Roheisens die Temperatur. Je mehr Roheisen in einem Einsatz verarbeitet wird, desto geringer sind die Wärmeverluste, bezogen auf die Gewichtseinheit des Metalles, desto höher fällt die Temperatur aus. Daher verarbeitet man in Großbetrieben der Jetztzeit selten kleinere Einsätze als 5 t, bisweilen 20 t. Ausnahmsweise können freilich besondere Verhältnisse Veranlassung zur Anlage von Vorrichtungen zur Verarbeitung kleinerer Einsätze geben, man nennt in diesem Falle das Verfahren Kleinbessemerei. In solchen Kleinbessemereien werden z. B., was uns hier besonders angeht, die Stahlgußarmaturteile für die Dampfkessel angefertigt, Stutzen u. dgl.

Arbeitet das Windfrischwerk, sei es nun ein Bessemerwerk oder ein Thomaswerk, in direkter Verbindung mit dem Hochofenwerk, so schaltet man zwischen Hochofen und Birne noch einen sogenannten Roheisenmischer, einen größeren trommelartigen Behälter, ein. Abb. 10. Indem man das aus den verschiedenen Hochofenabstichen stammende flüssige Roheisen in dem Mischer sammelt und davon nach Bedarf entnimmt, verringert man die sonst unvermeidlichen Schwankungen in der chemischen Zusammensetzung der einzelnen Birnenfüllungen. Gleichzeitig ergab sich hierbei noch ein unerwarteter Vorteil, nämlich die Möglichkeit weitgehender Entschwefelung des Eisens. Läßt man nämlich das flüssige Roheisen eine längere Zeit in diesen Mischern stehen, so steigen die im Eisen sich bildenden unlöslichen Mangansulfide in die Höhe und treten in die Schlackendecke über, teilweise an der Luft verbrennend.

Nach Füllung der Birne, in wagerechter Lage, wird sie senkrecht gestellt, und das Blasen und damit das Frischen beginnt.

Das gurgelnde Geräusch, das den Beginn des Frischens begleitet, verwandelt sich bald in ein donnerndes Getöse, hervorgerufen durch die massenhafte Entwicklung des Kohlenoxydgases in dem engen Birnenraum. Schlackenteile und Eisenkörner werden durch die heftig entweichenden Gase aus dem Birnenhals herausgeschleudert. Nach beendetem Frischen wird die Birne wieder in die wagerechte Lage umgelegt, und der Wind wird abgestellt.

Den Verlauf des Frischvorganges vermag der Betriebsmann recht genau an der Farbe und Leuchtkraft der aus dem Birnenhalse herausschlagenden Flamme zu verfolgen. Mit gutem Erfolge bedient man sich auch handlicher Spektroskope, mit denen man die im Spektrum der Flamme auftauchenden und wieder verschwindenden Linien beobachtet.

Die Schaulinien in Abb. 11 stellen den Windfrischverlauf beim Thomasverfahren an Hand eines Beispieles dar.

Die windgefrischte Schmelze wird in derselben Weise wie die herdgefrischte aufgekohlt und mit den übrigen Zusätzen versehen, um die vorgesehene chemische Zusammensetzung zu erhalten.

Zur Ökonomie des Windfrischens möchte ich erwähnen, was zweifellos ein gewisses Allgemeininteresse bietet, daß man für das Frischen von 1 kg Eisen rund 300 l Luft braucht. Oder anders ausgedrückt, es wird durch eine solche Birne hindurch in den wenigen Minuten des Blasens rund das Zweitausendzweihundertfache des Eisenvolumens durchgeblasen. Man kann sich hiernach auch ein Bild davon machen, welche Gebläseeinrichtungen für eine Bessemerei oder ein Thomasstahlwerk erforderlich sind.

Die energische Berührung des flüssigen Metalles mit dem durchgeblasenen Luftstrom begünstigt beim Windfrischen, wie man ohne weiteres einsieht, die Aufnahme des Sauerstoffes auf dem Wege über die Eisenoxydulbildung außerordentlich. Die Frischwirkung ist daher bedeutend stärker und rascher als beim Herdfrischverfahren. Die Vorgänge, die sich beim Martinofen in Stunden vollziehen, spielen sich im Konverter in wenig über 10 Minuten ab. Dabei ist noch zu berücksichtigen, daß der gemischte Einsatz für das Herdfrischverfahren in der Regel einen Durchschnitts-Kohlenstoffgehalt von wenig über 1 % aufweist, während die Birnenfüllung für das Windfrischverfahren gänzlich aus dem vom Hochofen gelieferten Roheisen, mit Kohlenstoffgehalten von 3 bis 4 %, besteht. Abb. 12 gibt an Hand der C-Verbrennungskurven einen guten Einblick in das zeitliche Verhältnis des Wind- und des Herdfrischverfahrens.

Selbstverständlich ist aber aus dem gleichen Grunde beim Windfrischen auch das Ausmaß der überschüssigen Eisenoxydulerzeugung noch viel größer als beim Martinverfahren. Deshalb spielt beim Windfrischen die Desoxydation nach Fertigstellung der Schmelze, siehe Seite 2, eine ganz besondere Rolle.

Das Vergießen der gefrischten Schmelze.

Wir sind nunmehr bei unsern Betrachtungen sowohl beim Martinverfahren als auch beim Windfrischverfahren an den Zeitpunkt angelangt, in dem die Schmelze zum Abguß fertig ist. Das Bad ist weit genug von den unliebsamen Eisenbegleitern gereinigt, es ist ferner desoxydiert, und die Analyse ist durch Zugabe der erforderlichen Gaben an Kohlenstoff (die sogenannte Rückkohlung des absichtlich ganz weit entkohlten Bades) sowie durch Zugabe von Nickel, Chrom, Silizium, Mangan usw. in Ordnung gebracht, und nun kann der Guß beginnen.

Man gießt in der Regel den Inhalt des Bades nicht als ein Ganzes aus, sondern unterteilt ihn beim Vergießen in „Güsse", auch „Blöcke", „Brammen" genannt, deren Gewicht dem jeweiligen Verwendungszweck angepaßt ist. Selbstverständlich kommen auch Fälle vor, wo man für ganz schwere Schmiedestücke so große Güsse braucht, daß der ganze Inhalt des Bades dafür notwendig wird, ja daß sogar erforderlich wird, die Schmelzen mehrerer Öfen oder Birnen zusammenzugießen.

Das Vergießen erfolgt in die sogenannten Gießformen oder Kokillen. Um den Stahl nach Belieben auf die Kokillen verteilen zu können, läßt man die Schmelze aus dem Ofen oder aus der Birne zunächst in die „Gießpfanne" einlaufen, die auf einem Wagen aufgestellt ist oder an einem Kran hängt. Abb. 13. Nach der Aufnahme des Ofen- oder

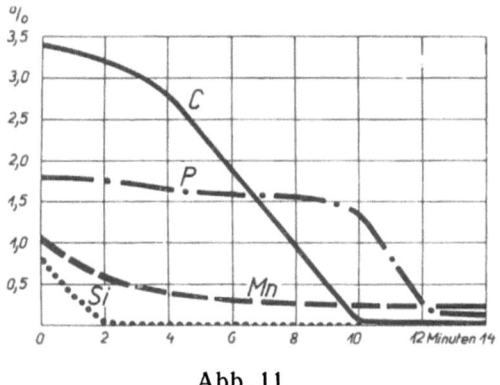
Abb. 11

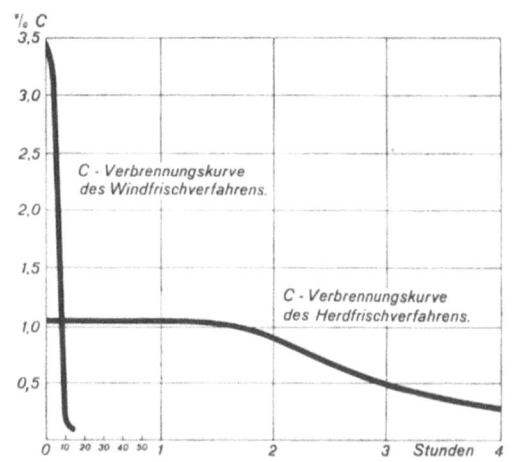
Abb. 12

Abb. 13

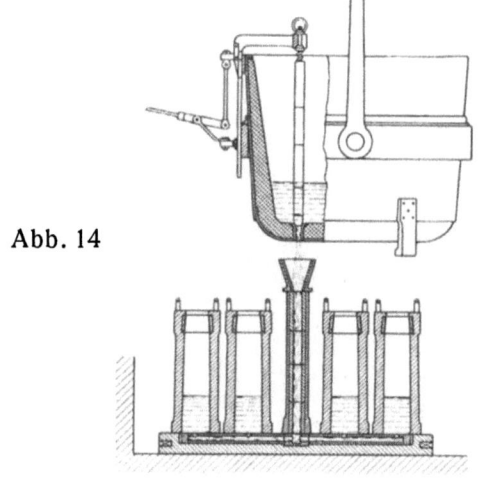
Abb. 14

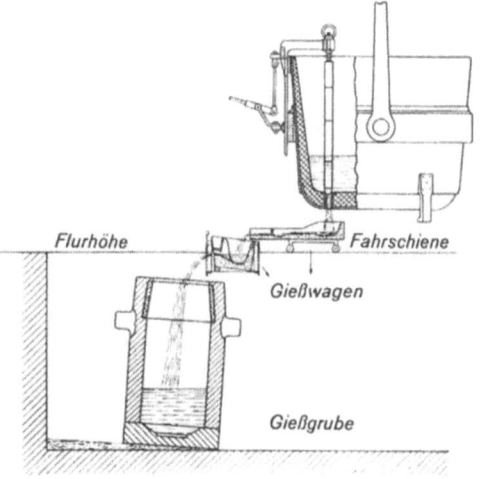
Abb. 15

Abb. 16

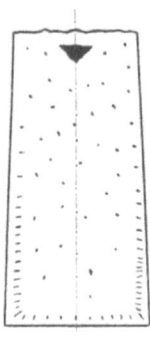   

Abb. 17   Abb. 18

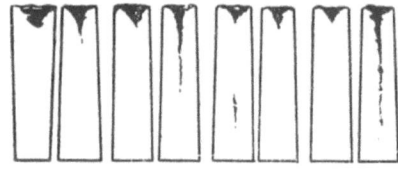

Abb. 20

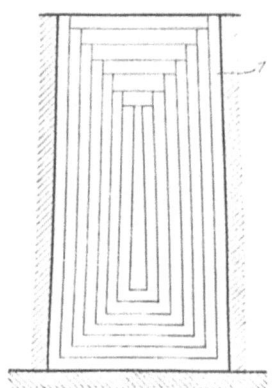

Abb. 19

Abb. 21

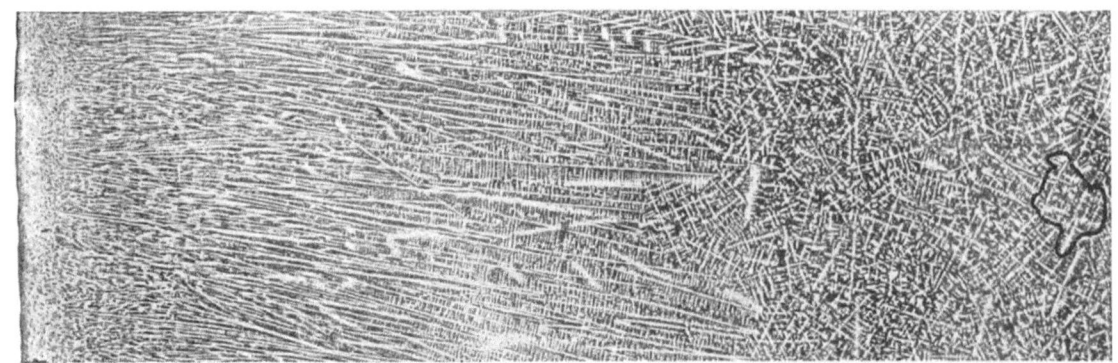

Abb. 22

Birneninhaltes fährt die Pfanne damit über die sogenannte Gießgrube, in der die Formen aufgebaut sind.

Abb. 14 und 15 zeigen die Verwendung der Gießpfanne, erstmal bei „steigend" gegossenen Güssen, das andere Mal bei einem „fallend" gegossenen größeren Guß. Zur Vermeidung des Miteinfließens der oben aufschwimmenden Schlacke gießt man nicht „über die Schnauze", wie zum Beispiel beim Mischer (Abb. 10), sondern hebt mittels einer Hebelvorrichtung den eine Öffnung im Pfannenboden verschließenden Stopfen an, so daß der reine Stahl von unten abgezapft wird. Beim steigenden Gießen kleinerer Blöcke pflegt man mehrere Gußformen zu einem „Gespann" auf gemeinsamer, von feuerfesten Kanälen durchzogener Grundplatte zu vereinigen.

Abb. 16 gibt einen Riesengußblock von 120 000 kg Gewicht wieder, wie er für ganz große Schmiedestücke benötigt wird.

Der erstarrte Guß.

Die Art, wie nun Stahl und Eisen in den Formen erstarren, ist durch gewisse Begleiterscheinungen, die wir durch die 3 Begriffe: Gasblasen, Lunker, Seigerung kennzeichnen können, ausgezeichnet.

Gasblasen.

Der flüssige Stahl vermag ziemliche Mengen Gase, insbesondere Wasserstoff, gelöst zu halten. Während der Erstarrung entweichen infolge der Temperaturerniedrigung Teile dieser Gasmengen in Form aufsteigender Blasen. Beim unruhig vergossenen Stahl kommt noch die uns schon bekannte Kohlenoxydbildung hinzu. Beides zusammen ergibt bei solchem Stahl eine ganz beträchtliche Gasblasenentwicklung. Die Mehrzahl dieser Gasblasen vermag unter heftigen Wallungen des Metalles nach oben hin auszutreten, ein gewisser Betrag bleibt jedoch in dem teigig werdenden Guß hängen; vor allem in den zuerst erstarrenden Randpartien. Einen Schnitt durch solch unruhigen Flußeisengußblock zeigt schematisch Abb. 17. Da die kleinen Hohlräume nicht mit der Außenluft in Verbindung stehen, oxydieren ihre Wandungen nicht. Sie schweißen daher beim nachfolgenden Schmieden oder Walzen des Blockes zusammen und sind zumeist unschädlich.

Um ganz sicher zu gehen, kann beispielsweise ein für Bleche bestimmter Block vor dem Walzen überhobelt werden, um eventuell ganz außensitzende und daher vielleicht oxydierte Gasblasen zu entfernen. Infolge ihrer Nichtverschweißbarkeit würden solche Blasen Anlaß zur Schuppenbildung auf der Blechoberfläche geben.

Der in Abb. 18 gleichfalls schematisch wiedergegebene durchschnittene Block ruhigen (weitgehend desoxydierten) Stahles, bei dem die Erstarrung ohne Kohlenoxydgasbildung und ohne Bewegung des Metalles in der Form erfolgt, ist praktisch frei von Gasblasenhohlräumen; wohl aber zeigt das Bild noch stärker wie Abb. 17 im Kopf des Blockes einen trichterförmigen Hohlraum, den

Lunker.

Die Ursache des Lunkers liegt in der Volumverminderung, die der Stahl beim Übergang vom flüssigen in den festen Zustand erfährt. Das Material schwindet beim Erstarren in der in Abb. 19[1] veranschaulichten Weise. Abb. 20 deutet die verschiedenen Formen an, die der Hohlraum im Guß annehmen kann. Da seine Decke infolge der Saugwirkung einzubrechen pflegt, steht der Lunker zumeist mit der Außenluft in Verbindung, seine Wände oxydieren, und es kann kein Verschweißen mehr eintreten. Das Blockstück, in dem der Lunker sitzt, muß weggeschnitten und weggeworfen werden.

Durch entsprechende Maßnahmen versteht es der Stahlwerker, den Lunker in dem Kopf des Blockes zusammenzuziehen und den übrigen Guß lunkerfrei zu halten.

Seigerungen.

Die an dritter Stelle genannte Sonderheit des erstarrenden Flußstahles, die Seigerungserscheinungen, beruhen auf dem Wesen des Stahles als einer Legierung. Flüssiges reines Wasser erstarrt einheitlich zu festem Wasser, Eis. Enthält das Wasser Salz aufgelöst, so erstarrt diese Lösung nicht mehr einheitlich, sondern die sich ausscheidenden Kristalle enthalten einen stufenweise zunehmenden Salzgehalt. Die zuletzt erstarrenden

---

[1] Aus P. Oberhoffer, „Das technische Eisen"; siehe Schlußblatt.

Teile müssen daher einen verhältnismäßig höheren Salzgehalt aufweisen, als ihn die Salzlösung als Ganzes besitzt. Ähnliche Vorgänge finden sich bei allen Legierungen, die ja im flüssigen Zustande nichts anderes als Lösungen sind, vor. Die zunächst ausscheidenden Kristalle sind „reiner".

Gesetzmäßig sollte während des Weiterlaufes des Erstarrungsvorganges ein gleichzeitiger ständiger Ausgleich der Gehalte stattfinden, so daß am Schluß der Erstarrung Einheitlichkeit bestehen würde. In der Wirklichkeit findet dieser Ausgleich nur unvollkommen statt.

Die Eisenbegleiter werden daher immer mehr nach dem am längsten flüssigen Teil des Blockes hingedrängt, und wir finden im erkalteten Blocke oft ziemlich weitgehende Unterschiede in der chemischen Zusammensetzung. Vor allem sind es Kohlenstoff, Phosphor und Schwefel, deren Verteilung im Blocke durch diese Seigerungsvorgänge beeinflußt wird.

Bei einem in dem Taschenbuch der Hütte wiedergegebenen Beispiel ergab die an den verschiedenen Stellen vorgenommene Analyse einer normalen weichen Flußeisencharge mit im Durchschnitt 0,11% C, 0,42% Mn, 0,012% P, 0,037% S, ein Block in der Längsrichtung durchgeschnitten:

	C	Mn	P	S
Kern des Blockes, oberes Ende	0,13	0,49	0,033	0,060 %
Kern des Blockes, Mitte	0,12	0,43	0,021	0,045 %
Kern des Blockes, unteres Ende	0,10	0,38	0,009	0,028 %

(Analysen jedesmal Durchschnitt einer Anzahl von Proben.)

Abb. 21 läßt die Seigerungszone eines Flußeisenbleches erkennen.

Die Unmöglichkeit, Blöcke von einigem Ausmaß vollkommen seigerungsfrei zu erhalten, wirkt sich dahin aus, daß die Eigenschaften der aus diesen Blöcken gefertigten Werkstücke nicht überall gleich sein können. Es empfiehlt sich deshalb, bei jedem größeren Schmiedestück zu beachten, an welchen Stellen Kopf und Fuß des Gußblockes liegen, damit die zu erwartenden Festigkeitsunterschiede berücksichtigt werden können.

Bei größeren Kesselblechen aus unruhigem Flußeisen können die Festigkeitsunterschiede zwischen Kopf und Fuß bis nahe an 10 kg/qmm betragen.

Tropfenförmige Reste von Mutterlauge erstarren mitunter eingeschlossen in den uns bereits bekannten Gasblasen und geben so zu kleinen Seigerungsgebilden am Grunde der Blasen Anlaß. Man bezeichnet diese Erscheinungen als „Gasblasenseigerung". Von einer weiteren Seigerungsart, der sogenannten „Kristallseigerung", werden wir später zu sprechen haben.

Schrifttum für Ergänzungsunterricht:

„Gemeinfaßliche Darstellung des Eisenhüttenwesens", herausgegeben vom Verein deutscher Eisenhüttenleute.

A. Ledebur, Handbuch der Eisenhüttenkunde.

P. Goerens, Einführung in die Metallographie.

P. Oberhoffer, Das technische Eisen. 2. Aufl. Berlin: Julius Springer 1925.

K. Meerbach, Die Werkstoffe für den Dampfkesselbau. Berlin: Julius Springer 1922.

„Hütte", Taschenbuch für Eisenhüttenleute.

Fachaufsätze in:

Stahl und Eisen, Zeitschrift für das deutsche Eisenhüttenwesen.

Zeitschrift für Metallkunde.

Kruppsche Monatshefte.

II.
Der innere Aufbau der Eisenkohlenstofflegierungen.

Kristallcharakter des Eisens; Dendrite, Kristallkörner. Primäre und sekundäre Kristallisation. Das Feingefüge; feste Lösung und Zerfallprodukte. Wirkung der Wärme und der mechanischen Beanspruchung; überhitzter und verbrannter Stahl, Rückkristallisation, Alterung, Kraftwirkungslinien, Normalisierung. Nahtlose Kesselkörper. Sonderflußeisen von geringer Alterungsempfindlichkeit.

Bei der Betrachtung aller Produkte der Stahlerzeugung, bei der Besprechung ihrer Eigenschaften, überhaupt ihres ganzen Verhaltens, treten zwei Begriffe vor allen in den Vordergrund: Das K o r n und das F e i n g e f ü g e des Werkstoffes. Diese beiden Begriffe beherrschen die gesamten Belange der Eisenkohlenstofflegierungen, also auch unseres Kesselbaustoffes.

Das Korn.

Wenn wir hier vom Korn des Stahles sprechen, von grobem und von feinem Korn, so berühren wir damit eine physikalische Eigenart aller metallischen Werkstoffe. Es ist Ihnen ja bekannt, m. H., daß wir ganz allgemein zwischen amorphen und kristallinischen Körpern unterscheiden. Unter amorphen Körpern versteht man solche, deren Eigenschaften nach keinen Richtungen hin irgendwelche Bevorzugung zeigen. Bei kristallinischen Körpern dagegen reden wir von sogenannten Achsen, d. s. Richtungen, die hinsichtlich der Eigenschaften des Materials, hinsichtlich seiner Widerstandsfähigkeit, eine ausgesprochene Bevorzugung aufweisen. Stahl und Eisen gehören nun zu den Werkstoffen mit kristallinischem Charakter. Nicht so, als ob das ganze Stück als ein Kristall anzusprechen wäre, sondern in der Weise, daß das Werkstück ein dichtes Haufwerk von mikroskopisch kleinen Kriställchen darstellt.

Bei der Erstarrung des Gusses bildet sich eine feinkristallinische Kruste, von der aus dann tannenbaumähnlich gestaltete und daher Dendrite genannte Kristallskelette einschießen. Abb. 22 links. Mit zunehmender Abkühlung folgt die Bildung solcher Kristallskelette weiter im Innern. Abb. 22 rechts.

Wenn, ganz allgemein gesprochen, ein Kristall sich ungestört entwickeln kann, so lagert sich an sein Skelett der Stoff auch weiterhin gesetzmäßig an, so daß zum Schluß ein Gebilde vor uns steht, das außen von nach bestimmten Gesetzen gestalteten und orientierten Flächen begrenzt ist. So stellen wir uns im allgemeinen einen Kristall vor. Bei den Kristallen, die im erstarrenden Guß erwachsen, stoßen sich die Dinge hart im Raume. Wohl entwickeln sich auch da körperliche Gebilde, aber es kommt höchst selten zur Ausbildung der gesetzmäßigen Begrenzungsflächen. Solche Kristalle, die sich nicht bis zur Annahme der kennzeichnenden äußeren Form entwickeln konnten, bezeichnet man als Kristallite oder Kristallkörner. Wir sagen daher genauer, unsere metallischen Werkstoffe sind ein Haufwerk von zumeist mikroskopisch kleinen Kristallkörnern. Abb. 23[1] und 24. Die zweitgenannte Abbildung zeigt eine Flußeisenprobe nach Ätzung „auf Korngrenzen".

Es ist übrigens in verschiedener Weise gelungen, an den Kristallkörnern des erkalteten Stahles den kristallinischen Charakter, trotz ihrer regellosen Form, nachzuweisen. Z. B. entstehen auf in geeigneter Weise geätzten Schliffen Ätzfiguren, die aussehen, als ob man die Vertiefungen durch Eindrücken eines Würfels erzeugt hätte. Abb. 25. Diese Form der Ätzfiguren zeigt deutlich die gesetzmäßige Lagerung von Achsen geringsten Ätzwiderstandes an. Sind ferner die Körner so groß, daß wir eine Kugel in ein einzelnes Korn eindrücken können, so enthüllen wir auf diesem mechanischen Wege bestimmte bevorzugte Richtungen des Nachgebens, wir erhalten einen eckigen Kugeleindruck. Abb. 26.

---
[1] Aus P. Goerens, Einführung in die Metallographie; siehe Schlußblatt.

Hierher gehören auch die Ergebnisse unserer neuzeitlichsten Untersuchungsmethode, der Röntgenuntersuchung des Stahles. Um diese zu veranschaulichen, weise ich darauf hin, daß man kristallinische Stoffe auch so definiert, daß man sagt, ihre Atome sind nach einem gesetzmäßig aufgebauten Raumgitter angeordnet. Abb. 27 und 28. Es ist ferner bekannt, daß, wenn man einen Lichtstrahl durch ein Gitter sendet, Interferenzerscheinungen auftreten. Einen gewöhnlichen Lichtstrahl können wir durch die hier in Frage kommenden Raumgitter nicht durchsenden, da er das Metall nicht durchdringt, wohl aber den Röntgenstrahl oder ein Bündel solcher. Die Art nun, wie die Interferenzbilder bei der Durchstrahlung von Stahl und Eisen angeordnet sind, ist kennzeichnend für den kristallinischen Charakter unseres Werkstoffes. Für Herren, die sich dafür interessieren, möge noch bemerkt werden, daß man aus den Änderungen dieser Interferenzbilder Näheres über die inneren Vorgänge in einem beanspruchten Material ablesen kann. Dies nur nebenbei. Abb. 29 und 30 zeigen solche Interferenzbilder; vgl. nächsten Abs.

Unter gewissen Bedingungen, die ein Abstoppen der Entwicklung vor der gegenseitigen Beeinträchtigung der Kristallite gestatten, finden wir gelegentlich auch noch ungestörte und daher gesetzmäßig begrenzte Kristallisationsstadien. Eine solche Gelegenheit bietet z. B. der Lunker, den wir das letztemal kennengelernt haben, mit seinem abfließenden Schmelzeinhalt. Abb. 31.

Primäre und sekundäre Kristallisation.

Die Kristallkörner, die wir im erkalteten Stahle vor uns haben, z. B. in Abb. 24, sind nicht ohne weiteres identisch mit den beim Erstarren aus der Schmelze ausgeschiedenen. Wir wissen nämlich, daß der Hauptbestandteil unserer Eisenkohlenstofflegierungen, das Eisen, während der Erkaltung Zustandsänderungen durchmacht. Es weist sogenannte allotrope Modifikationen auf, die sich in gewissen Eigenarten voneinander unterscheiden. Man spricht von α- (β-), γ- usw. Eisen. Die Verschiedenheit der Modifikationen äußert sich zunächst darin, daß das Eisen wohl stets im regulären System, aber doch in gewissen Abarten kristallisiert.

Das oberhalb ca. 930 Grad stabile γ-Eisen hat als Raumgitter den flächenzentrierten Würfel, Abb. 27, das unterhalb 930 Grad stabile α-Eisen den raumzentrierten Würfel. Abb. 28. Die Röntgenspektren zeigen die entsprechenden Unterschiede in den Interferenzbildern; Abb. 29 = α-Eisen, Abb. 30 = γ-Eisen.

Das Eisen macht also beim Übergang von hoher auf tiefe Temperatur eine **Umkristallisation** durch. Diese Eigenart, sich bei der Erkaltung umzukristallisieren, behält das Eisen auch in der Legierung mit Kohlenstoff bei, nur ändert sich hierbei die Temperaturlage, bei der die Umwandlung einsetzt.

Das Eisenkohlenstoffdiagramm.

Um in diese Umwandlungsvorgänge und ihre Begleiterscheinungen klaren Einblick zu gewinnen, wollen wir einen Blick auf das sogenannte Eisenkohlenstoffdiagramm werfen, mit dem der moderne Ingenieur sich möglichst vertraut machen sollte (Abb. 32). Dieses Zustandsdiagramm zeigt als Abszissenachse den Kohlenstoffgehalt des Stahles in Prozenten. Als Ordinaten sind aufgetragen die Temperaturen in Celsiusgraden. Die im Diagramm eingezeichneten Schaulinien geben demnach an, bei welchen Temperaturen bei den jeweiligen Kohlenstoffgehalten sich die im Diagramm berücksichtigten Vorgänge vollziehen[1].

Im obersten Feld ist eingeschrieben das Wort Schmelze; in diesem Temperaturgebiete sind also alle Eisenkohlenstofflegierungen flüssig, und die das Feld begrenzende Linie A B C D zeigt an, wann die einzelnen durch ihren C-Gehalt gekennzeichneten Legierungen zu erstarren beginnen. Die niedrigste Erstarrungstemperatur hat die Legierung mit 4,2 % C, und zwar geht sie ohne weiteres bei 1140 Grad vom flüssigen in den festen Zustand über. Bei allen Legierungen mit mehr oder weniger Kohlenstoff benötigt die Erstarrung eines gewissen Temperaturintervalles, innerhalb dessen die Legierung allmählich fest wird. Sie scheidet hierbei Mischkristalle von stetig zunehmendem Kohlenstoffgehalt aus, bis die ganze Schmelze aufgezehrt ist. So, wie die Linie A B C D den Anfang der Erstarrungsvorgänge kündet, so zeigt, entsprechend, A E C F den Abschluß der Erstarrung an. Unterhalb der Linie A E C F ist alles fest.

Für unsere gegenwärtigen Zwecke interessieren uns hauptsächlich die schmiedbaren Eisenkohlenstofflegierungen mit den Kohlenstoffgehalten bis 1,7 %; bei den höheren Kohlenstoffgehalten geraten wir in das Gebiet des Gußeisens. Im Diagramm kommt für uns also in Betracht das unterhalb des Kurventeiles A E gelegene, durch eine gestrichelte

---

[1] Aufgestellt vom Verein deutscher Eisenhüttenleute. Verlag Stahleisen, Düsseldorf.

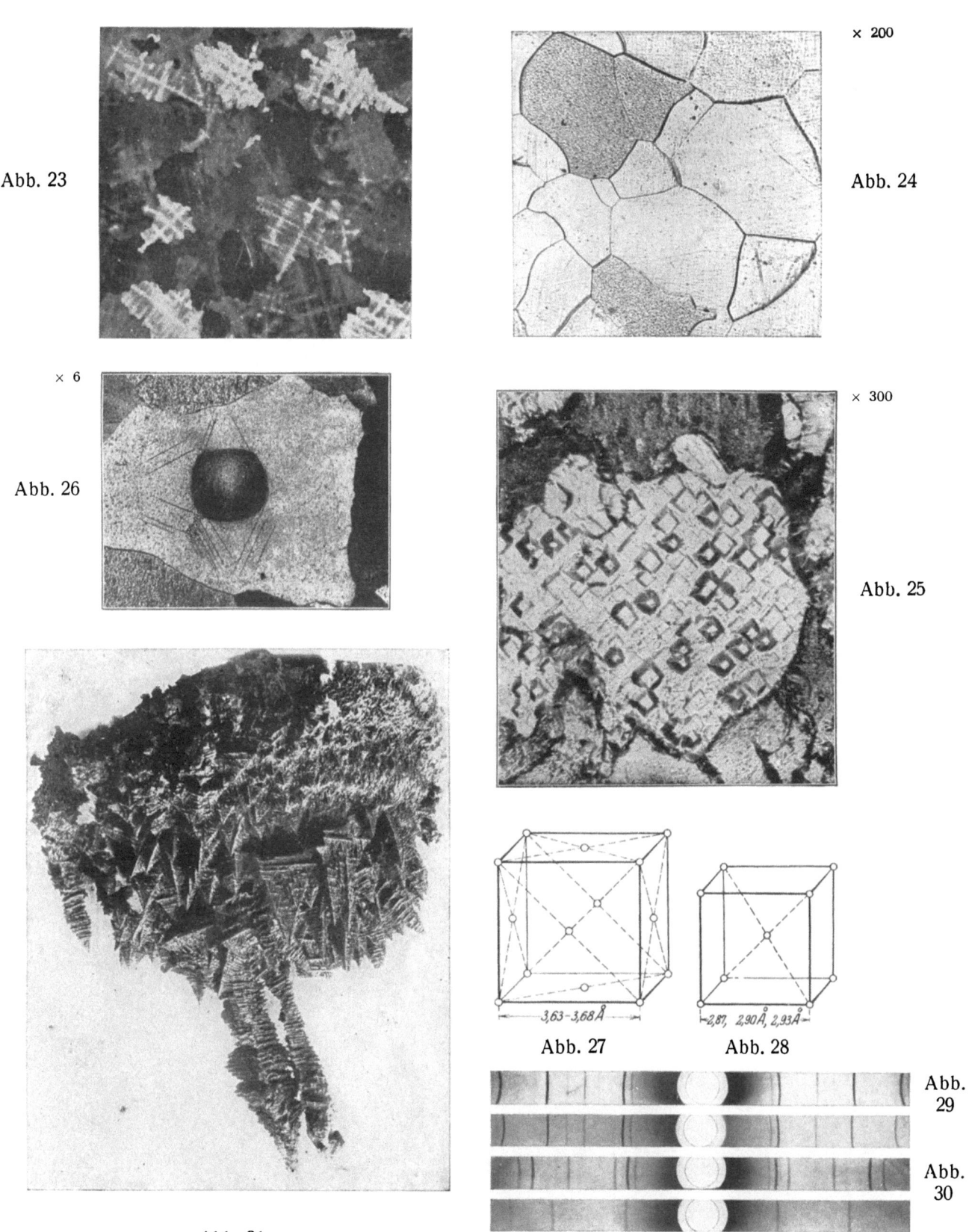

Abb. 23

Abb. 24

×200

Abb. 26
×6

Abb. 25
×300

Abb. 27 Abb. 28

Abb. 29

Abb. 30

Abb. 31

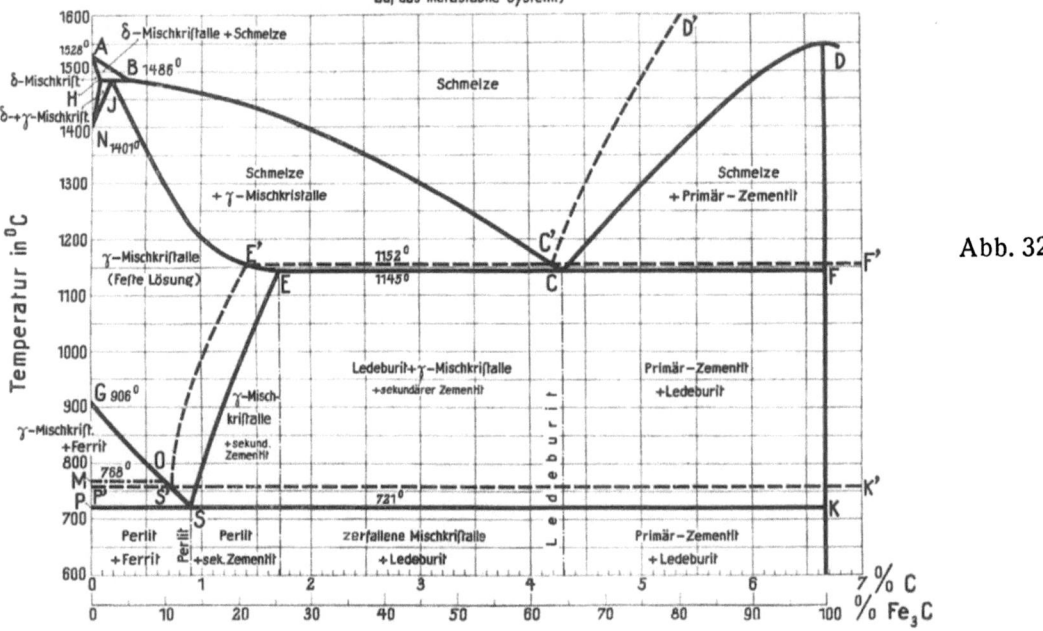

Abb. 32

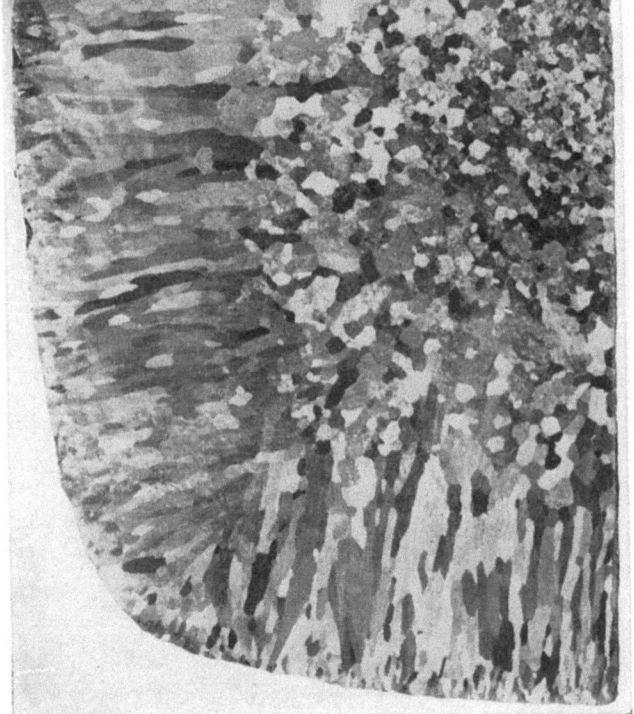

Abb. 33

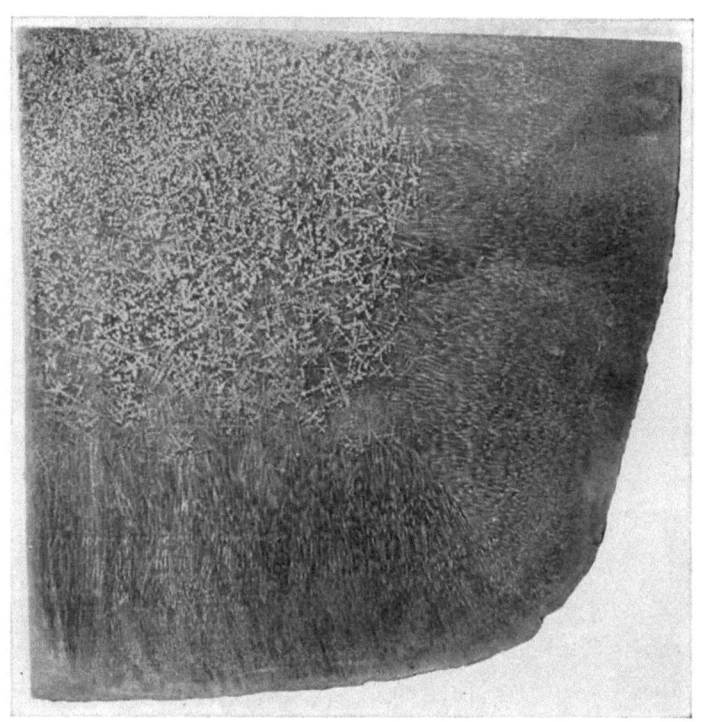

Abb. 34

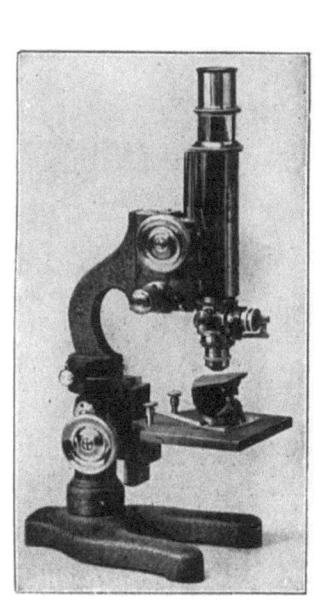

Abb. 35

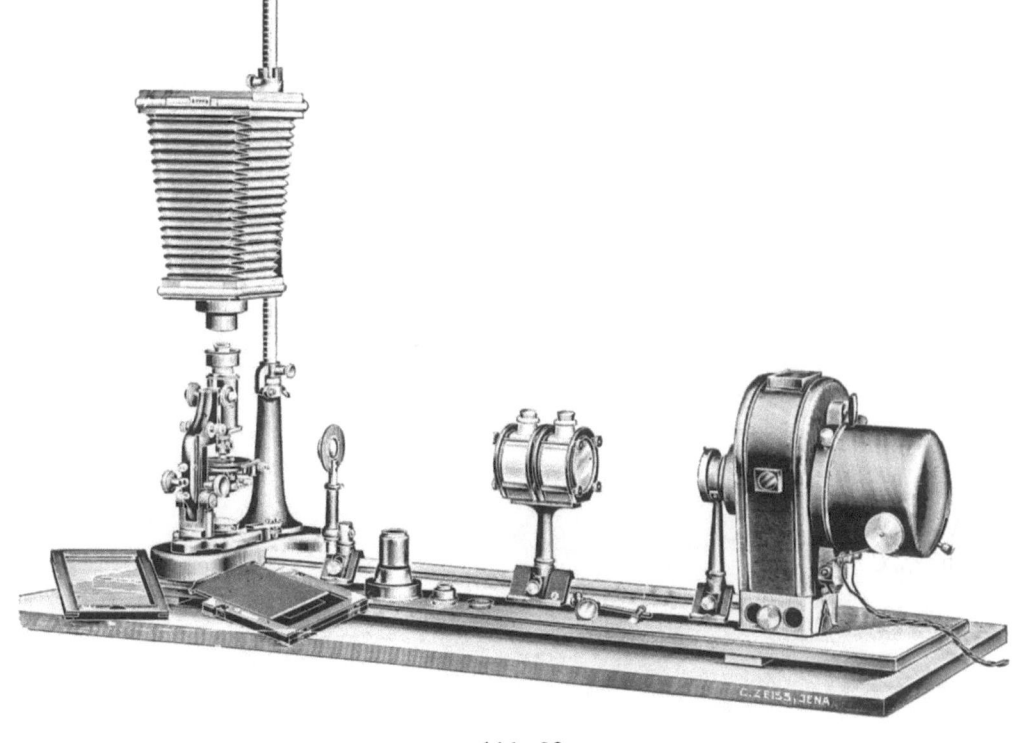

Abb. 36

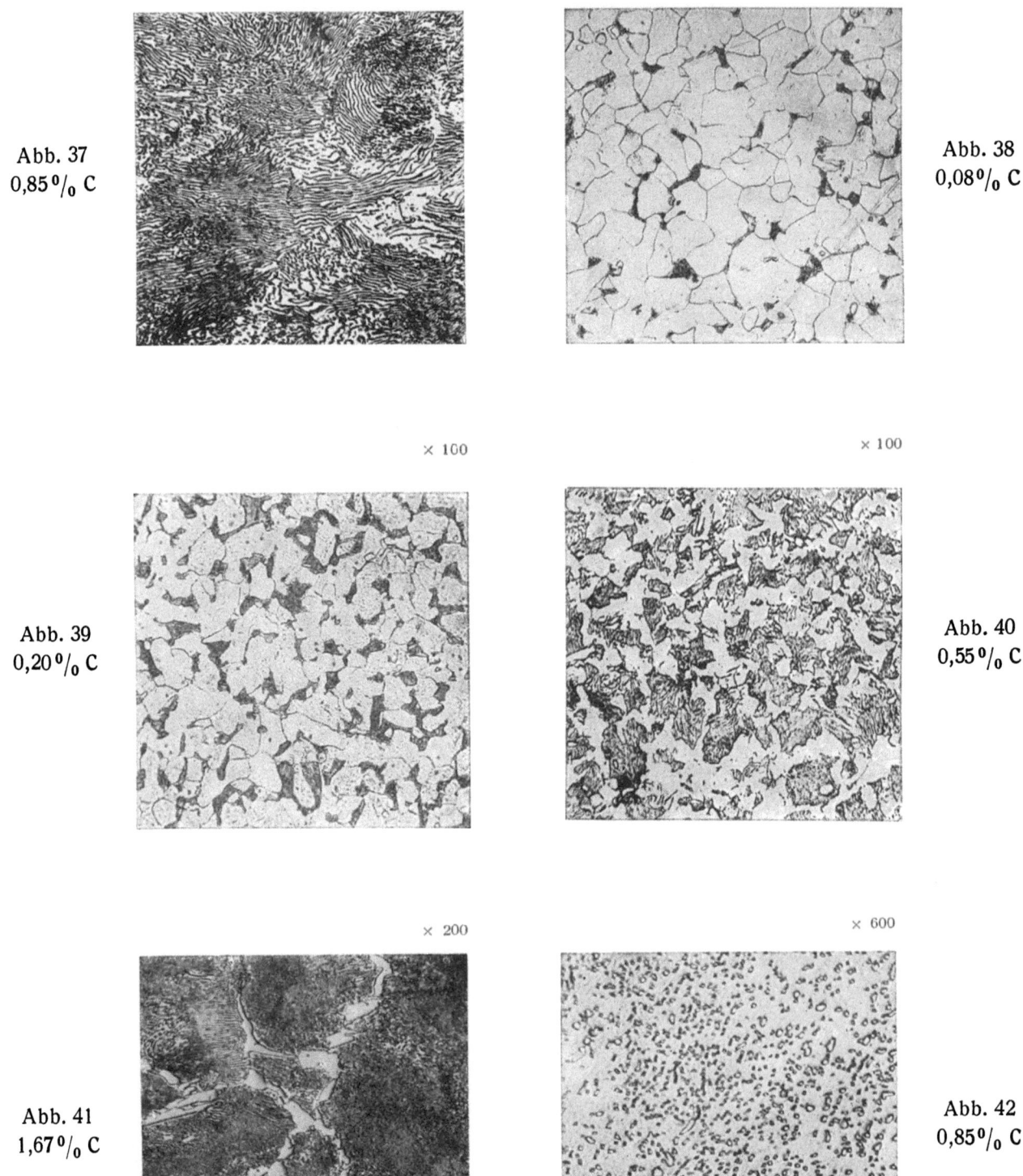

Abb. 37
0,85 % C

Abb. 38
0,08 % C

Abb. 39
0,20 % C

Abb. 40
0,55 % C

Abb. 41
1,67 % C

Abb. 42
0,85 % C

Vertikale abgegrenzte Gebiet. Wir sehen da auch die Bezeichnung: „Feste Lösung" eingetragen. Denn der als flüssige Lösung von Eisen und Kohlenstoff in die Kokille eingegossene Stahl stellt nach seiner vollständigen Erstarrung unterhalb A E nunmehr eine, vorerst allerdings noch auf Weißglut befindliche feste Lösung seines Kohlenstoffes im Eisen dar.

Daß diese feste Lösung nicht über den ganzen Querschnitt des Gusses hinüber gleichmäßig ist, haben wir im Abschnitt Seigerung bereits kennengelernt, wir werden auf diesen Umstand nachher noch einmal zu sprechen kommen.

Nach dem vorher über die Allotropie des Eisens Gesagten muß während der Erkaltung der festen Lösung die Umwandlung ihres Eisengehaltes eintreten. Die hierfür maßgebende Grenzlinie ist im Zustandsdiagramm als Linie G O S E eingezeichnet. Entlang G O S E tritt also das kohlenstofflegierte Eisen in seine Zustandsänderung und damit in seine Umkristallisation ein.

Wir unterscheiden daher oberhalb G O S E die als **primär** bezeichnete erste Kristallisation und unterhalb G O S E eine **sekundäre** Kristallisation des Stahles.

Es erhebt sich sofort die Frage, woher haben wir denn unsere Kenntnis von den vorhin beschriebenen Vorgängen bei der ersten Kristallisation, da doch nach dem oben Gehörten der erkaltete Stahl uns in sekundärer Kristallisation vorliegt. Hier hilft uns die als „Kristallseigerung" bezeichnete Erscheinung. Ähnlich wie der Guß im ganzen eine örtliche Anreicherung des Phosphors als Blockseigerung aufweist, so bestehen örtliche Verschiedenheiten auch in jedem einzelnen Kristallit. Wir hörten ja bereits, daß die aus der flüssigen Schmelze sich ausscheidenden Mischkristalle zunächst reiner sind als die Schmelze und sich dann beim weiterschreitenden Erstarrungsvorgang allmählich an Kohlenstoff, Phosphor usw. anreichern. Die Anreicherung muß bei jedem einzelnen Kristallit naturgemäß von außen her durch Diffusion erfolgen. Nun ist aber solche Diffusion zumeist nur unvollkommen, und wir haben daher bei den tannenbaumartigen Skelettgebilden der primären Kristallisation in den Außenschichten höhere Gehalte, vor allem an Phosphor. Diese die Primärkristalle sozusagen umreißenden Phosphorseigerungen verschwinden bei der sekundären Kristallisation nicht, sondern bleiben in situ erhalten. Ätzen wir demnach eine durch den erkalteten Gußblock hindurchgelegte und geschliffene Schnittfläche mit einem entsprechenden Ätzmittel auf Phosphorseigerung, so erhalten wir auf der Fläche die deutlichen Schatten der verschwundenen primären Kristallisation. Auf diese Weise ist das in Abb. 22 wiedergegebene Ätzbild entstanden. Außerdem gibt es aber besondere Stahlarten, z. B. die siliziumlegierten Stähle für Transformatorenbleche, die keine Umwandlung durchmachen und daher ihre primären Kristalle in der Tat auch im erkalteten Zustande aufweisen, uns so einen klaren Blick in deren Ausbildungsweise gewähren.

Abb. 33 zeigt den auf Korngrenzen (sekundär) geätzten Querschliff durch einen Gußblock 4%igen Siliziumstahles. Abb. 34 gibt dasselbe Material nach Ätzung auf Kristallseigerungen (primär) wieder und veranschaulicht die Identität der primären und sekundären Kristallkörner bei diesem Stoff.

Das Feingefüge.

Die Veränderung, die der Aufbau der Eisenkohlenstofflegierungen bei dem Einsetzen der sekundären Kristallisation erfährt, wird noch ganz besonders unterstrichen durch eine weitere Besonderheit, die uns von dem bisher behandelten Begriff Korn nunmehr überleitet zum Begriff Feingefüge und gleichfalls mit der Zustandsänderung der Komponente Eisen zusammenhängt. Der Bestand der festen Lösung setzt nämlich voraus, daß das Eisen auch im festen Zustand Kohlenstoff in Lösung zu halten vermag. Diese Fähigkeit besitzt das Eisen wohl in seinem γ-Zustand, aber nicht mehr in dem unterhalb G O S E stabilen Zustand. Die Folge davon ist, daß beim Überschreiten der Grenzlinie G O S E die feste Lösung nicht mehr bestehen bleiben kann, sondern in ihre Bestandteile zerfallen muß. Beendet ist der Zerfall für die Legierungen jedes C-Gehaltes an der Linie P S K.

Während demnach die Körner der primären Kristallisation alle gleichen und, von den Seigerungserscheinungen abgesehen, homogenen Inhaltes sind, kann dies bei den sekundären Kristallkörnern nicht mehr der Fall sein; als Inhalt dieser Gebilde müssen wir die verschieden gearteten Zerfallprodukte der festen Lösung erwarten. Die Untersuchung unter dem Mikroskop bestätigt diese Erwartung, und wir kommen damit, wie schon gesagt, zu dem zweiten eingangs erwähnten Begriff, zum Feingefüge unserer verschiedenen Stahlarten, wie es uns in deren verschiedenen Zuständen vorliegt.

Das Hilfsmittel für das Studium des inneren Aufbaues unserer Stähle ist die mikroskopische Betrachtung polierter und geätzter Schliffe. Abb. 35. Im Gegensatz zur Mineralogie, die mit durchleuchteten Dünnschliffen arbeitet, betrachtet die Metallographie ihre Schliffe in auffallendem, meist etwas schräg gerichtetem Licht. Die Ätzung der sehr sorgfältig polierten Schliffe wird verschieden gewählt, je nach dem Zweck. Wir sahen bereits, daß man durch geeignete Ätzung die Seigerungserscheinungen kenntlich machen kann. Eine andere Art Ätzung dient dazu, die sekundären Korngrenzen sichtbar zu machen, und noch andere Ätzungen lassen die Füllung der Körner, d. h. die einzelnen Gefügebestandteile, in Erscheinung treten. Je nachdem wir die eine oder die andere Erscheinung besonders untersuchen wollen, werden wir das Ätzmittel zu wählen haben. Das Sichtbarwerden der Gefügebestandteile beruht teils auf dem verschiedenen Widerstand, den sie dem Lösungsmittel entgegensetzen, teils auf der verschiedenen Färbung, die sie beim Ätzen annehmen. Das entwickelte Gefügebild kann für die objektive Betrachtung photographisch in den erforderlichen Vergrößerungen festgehalten werden. Abb. 36 (Zeiß).

Unterrichten wir uns zunächst über das Feingefüge des im Diagramm durch seine niedrigstgelegene Umwandlungstemperatur ausgezeichneten Stahles mit 0,9 % C. Nach dem Diagramm unterschreitet dieser Stahl wenig oberhalb 700 Grad, und zwar ohne Zwischenzone, die Grenzlinie P S K, offensichtlich in seiner ganzen Masse direkt zerfallend. Abb. 37 zeigt sein Kleingefüge. Aus der festen Lösung fällt der Kohlenstoff nicht ohne weiteres als Element Kohlenstoff aus, sondern in der Form einer Eisenkohlenstoffverbindung Fe_3C, des Eisenkarbids, das wir metallographisch Z e m e n t i t nennen. Die Abbildung zeigt daher als Zerfallprodukte der festen Lösung mit 0,9 % C ein Nebeneinander von Lamellen aus metallographisch F e r r i t genanntem α-Eisen und aus Zementit. Läßt man unter dem Mikroskop das Licht schräg über diese Lamellen einfallen, so zeigen sie ein ähnliches Irisieren („Farben dünner Plättchen") wie Perlmutter. Man hat daher der Gefügeanordnung den metallographischen Namen P e r l i t gegeben. Der auf Zimmertemperatur normal abgekühlte Stahl mit 0,9 % C besteht also, wie im Diagramm angegeben, in seiner ganzen Masse aus Perlit (= Ferrit+Zementit).

Das Diagramm lehrt uns nun weiter: Während der 0,9%ige Kohlenstoffstahl bei einer fixen Temperatur zerfällt, machen sowohl die kohlenstoffärmeren als auch die kohlenstoffreicheren Stähle einen allmählichen Zerfall durch; die kohlenstoffärmeren innerhalb des Intervalles G O S P, die reicheren innerhalb des Intervalles E S (K). Bei beiden Gruppen ist das Endergebnis so, daß wir nachher den Betrag an Eisen oder Kohlenstoff, den der Stahl gegenüber der perlitischen Zusammensetzung im Überschuß enthält, neben dem Perlit vorfinden. In dem Temperaturintervall zwischen G O S und P S wird das überschüssige Eisen in Form von freiem Ferrit ausgeschieden, in dem Temperaturintervall zwischen E S und S (K) der überschüssige Kohlenstoff als freier Zementit. Abb. 38—41 zeigen in einigen Stufenbeispielen das auf diese Weise entstandene Feingefüge der Stähle mit verschiedenen Kohlenstoffgehalten nach normalem Erkalten. Man erkennt, wie mit steigendem C-Gehalt der Flächenanteil des Perlits zunimmt, während der freie Ferrit zurücktritt, an dessen Stelle bei mehr als 0,9 % C der freie Zementit erscheint.

Das in so manchen Fällen beobachtete Bestreben suspendierter Substanzen, Kugelform anzunehmen, als Anpassung an die günstigsten Oberflächenspannungsverhältnisse, läßt sich auch beim Perlit verfolgen. Längeres Glühen bei Temperaturen unterhalb P K veranlaßt die Zementitlamellen, sich zur Kugelgestalt zusammenzuziehen. Abb. 42 zeigt solchermaßen entstandenen „globularen" oder „körnigen" Perlit.

Nachdem wir das Feingefüge des Stahles nach dem Lösungszerfall kennengelernt haben, möchten wir zweifellos auch gerne wissen, wie die unzerfallene feste Lösung unter dem Mikroskop aussieht. Und durch einen gewissen Kunstgriff können wir uns diese feste Lösung verschaffen. Wir erhitzen eine Stahlprobe bis über die Linie G O S E hinaus und löschen sie plötzlich, z. B. in Wasser, ab. Auf diese Weise verhindern wir das langsame Abkühlen und nehmen dadurch dem Stoff die Zeit, die er braucht, um nach dem gesetzmäßigen Programm in seine Unterbestandteile zu verfallen. Abb. 43. Das Bild zeigt einen Schliff durch die feste Lösung; wir sehen eine einheitliche, in ihrem Aussehen vom C-Gehalt unabhängige Masse, in der das Ätzen nur die Korngrenzen und auf den Körnern gewisse Nadeln bloßlegt. Der metallographische Name dieses Gefüges ist M a r t e n s i t. Die Nadeln in den Martensitkörnern können Sie als das erste Anzeichen eines gewissen Zerfallbeginns der festen Lösung auffassen. Die ganz ungestörte feste Lösung, die den Namen A u s t e n i t trägt, ist bei reinem C-Stahl schwer zu erhalten, leichter schon bei legiertem Stahl. Beispiel Abb. 44, die einen hochprozentigen Chromnickelstahl in austenitischem Zustand zeigt.

Das Festhalten der festen Lösung, die gewaltsame Unterkühlung derselben, ist technisch nichts anderes als das sogenannte Härten des Stahles. Und das Anlassen besteht

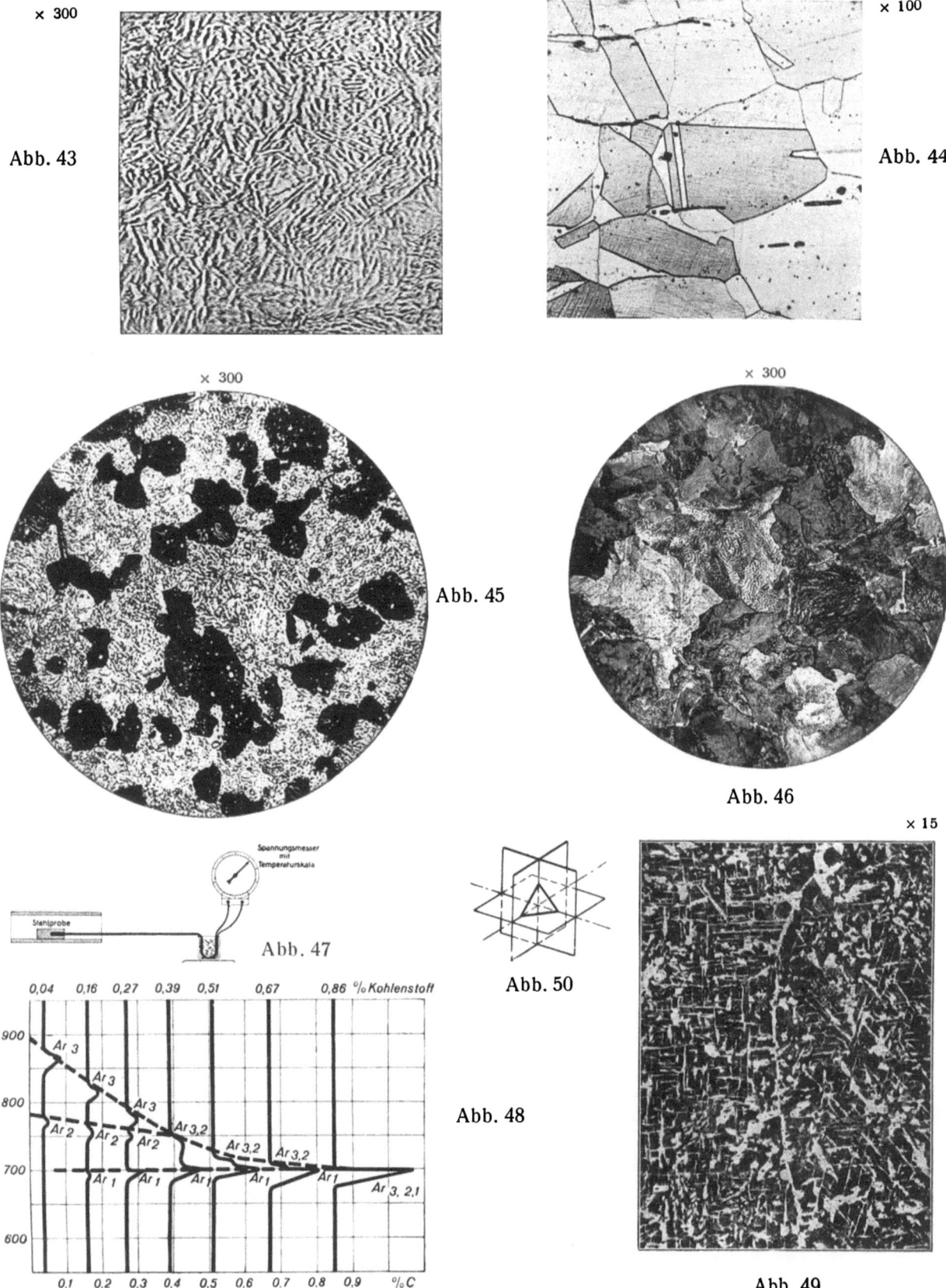

×5

×100

Abb. 51

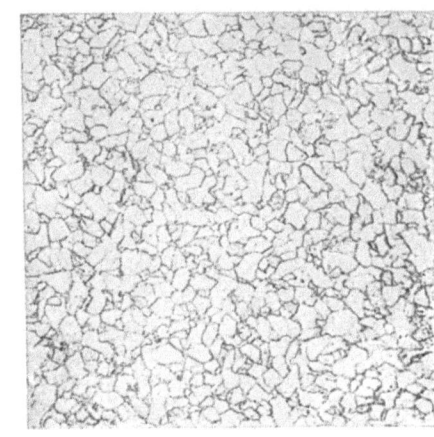
Abb. 52

×100

×1/5

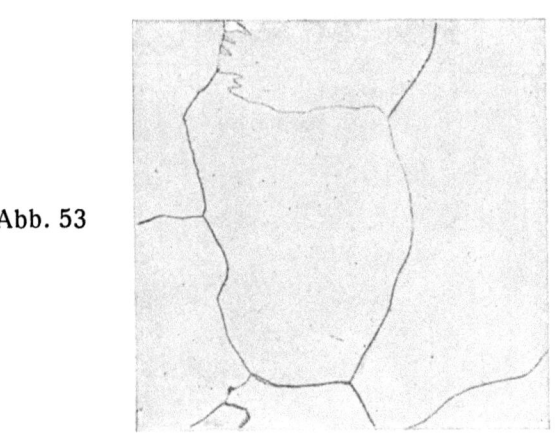
Abb. 53

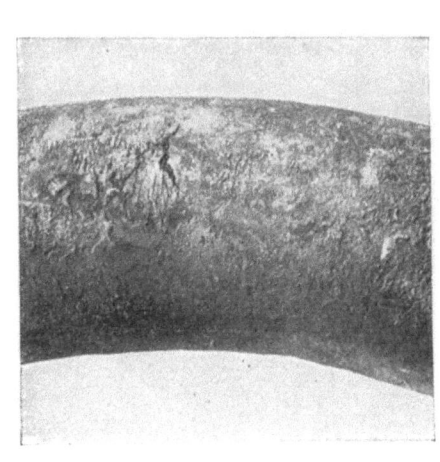
Abb. 54

×100

×100

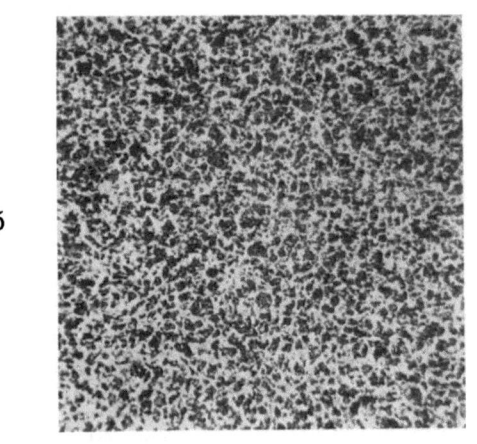
Abb. 55

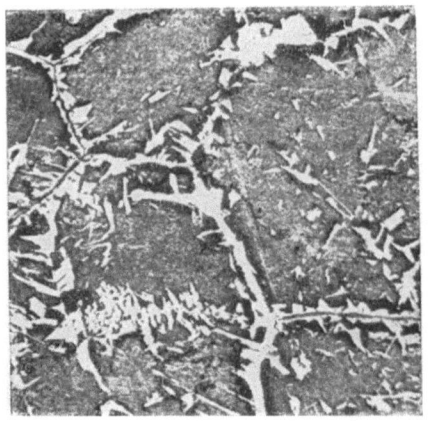
Abb. 56

dann darin, daß man durch erneute Wärmezufuhr die feste Lösung in mehr oder weniger weitgehende Übergangszustände nach dem Zerfall hin bringt. Abb. 45 und 46 zeigen Beispiele von Übergangsgefüge, das erste Bild T r o o s t i t, dunkel im helleren Martensit, das zweite S o r b i t mit naszierendem Perlit.

<small>Solche Übergangsgefüge werden absichtlich beim sogenannten „Vergüten" herbeigeführt. Das Vergüten ist ein Härten mit darauffolgendem Anlassen bei nahe an PS heranreichenden Temperaturen. Abb. 46 läßt übrigens den perlmutterartigen Schimmer des Perlits ahnen.</small>

<small>Die für Forschung und Technik erforderliche Kenntnis der Umwandlungstemperaturen der verschiedenen Stahlsorten ermittelt man mit Hilfe der sogenannten Erhitzungs- und Abkühlungskurven. Verfolgt man die Temperaturzunahme einer z. B. nach Abb. 47 in einem elektrischen Röhrenofen eingebauten Stahlprobe, so zeigt der Wärmemesser, z. B. ein Thermoelement mit Millivoltmeter, die Zustandsänderungen der Probe durch ein Stocken an. In der Erhitzung findet bei den Umwandlungen ein Wärmeverbrauch statt, in der Abkühlung wird Wärme frei. Die Haltepunkte beim Erhitzen und Abkühlen sind zumeist etwas gegeneinander verschoben, infolge von Verzögerungserscheinungen. Die Abb. 48 zeigt einige Beispiele von Abkühlungskurven mit ihren Haltepunkten und veranschaulicht zugleich, in welcher Weise aus solchen Temperaturzeitkurven das Eisenkohlenstoffdiagramm entstanden ist. Nicht unerwähnt möge bleiben, daß die Lage der Umwandlungserscheinungen nicht bloß an Hand der Wärmebewegung ermittelt werden kann; auch die übrigen Eigenschaften des Stahles, wie Magnetismus, elektrische Leitfähigkeit, Dichte, Ausdehnung usw., erfahren bei dem Übergang des Eisens von einem Zustand in den andern sprunghafte Änderungen, deren Bestimmung zur Nachprüfung der auf thermischem Wege gewonnenen Angaben von Wert sein kann. Die Haltepunkte bei der Abkühlung werden mit r, die bei der Erhitzung mit c gekennzeichnet.</small>

Die in Abb. 37—46 wiedergegebenen Gefügebilder entstammen durchweg geschmiedetem oder gewalztem Stahl. Falls der Guß ungestört, ohne mechanischen oder thermischen Eingriff erkalten kann, liegt es nahe, zu erwarten, daß unter der obwaltenden Herrschaft der kristallographischen Gesetze die Zerfallsprodukte der festen Lösung sich innerhalb der Körner nach deren Achsenrichtungen gesetzmäßig einlagern werden. Abb. 49 zeigt das Gefüge zweier aneinandergrenzender sekundärer Körner in einem Stahlformgußstück. Man erkennt darin in der Tat die gesetzmäßige Anordnung des im Intervall G O S P ausgeschiedenen überschüssigen Ferrits.

<small>Die beiden Körner liegen verschieden im Raum und daher verschieden zur Schnittfläche. Das Korn der rechten Seite zeigt deshalb die Ferritnadeln nach den Dreiecken der Oktaederfläche angeordnet, während die Ferritnadeln im linken Korn der Würfelfläche entsprechend im rechten Winkel zueinanderstehen. Vgl. Abb. 50.</small>

Man bezeichnet diese gesetzmäßige Anordnung der ausgeschiedenen Lösungsbestandteile als „Widmannstättensche Struktur". Da sie für den ungestörten Guß kennzeichnend ist, so spricht man auch von G u ß g e f ü g e.

<small>Besonders schön ausgebildete Widmannstättensche Linien zeigt Abb. 51, im Gefüge eines nicht von dieser Erde stammenden Erzeugnisses, eines Meteoreisens südafrikanischen Fundortes.</small>

Eine besondere Gattung Gefügebestandteile darf hier nicht unerwähnt bleiben, wenn sie auch nur regellos, und letzten Endes zufällig, auftreten. Das sind die zumeist unter dem Sammelnamen „Schlackeneinschlüsse" zusammengefaßten Verunreinigungen im Stahl, die das Mikroskop festzustellen gestattet. Zu den schon früher erwähnten, von den Frischvorgängen herrührenden und da und dort im Stahl zurückgebliebenen Oxyden können mechanisch mitgerissene Teilchen der Ofenschlacke, des Futtermauerwerkes von Pfanne, Abstichrinne, Kanälen usw. treten. Bei sorgfältigem Arbeiten ist jedoch die Menge der Einschlüsse und damit ihr etwaiger Einfluß auf die Eigenschaften der Werkstoffe ohne Bedeutung.

Thermische und mechanische Einwirkung auf Korn und Gefüge.

Der Unterschied zwischen Gußgefüge und Gefüge des geschmiedeten oder gewalzten Stahles leitet uns über zur Betrachtung des Einflusses, den Eingriffe, die der Stahl bei und nach seiner Erkaltung erfährt, auf Form und Maß seines Kornes und seines Feingefüges ausüben. Wir können in der Tat diese beiden Größen, die ich Ihnen vorhin als die die Belange des Stahles beherrschenden Begriffe bezeichnete, durch zwei Mittel weitgehend beeinflussen — absichtlich oder unabsichtlich. Diese zwei Mittel sind Temperatur und mechanische Verformung, gegebenenfalls beide gemeinsam.

Wenn wir z. B. den geschmiedeten Stahl nachträglich auf Temperaturen oberhalb G O S E erhitzen und dann ungestört erkalten lassen, so vergröbern wir dadurch seine Struktur auf dem Wege über die feste Lösung. Je höher die Glühtemperatur lag und damit je stärker das Korn der festen Lösung gewachsen war, um so gröber finden wir nachher das beim ungestörten langsamen Erkalten entstandene sekundäre Korn. Abb. 52 und 53. Näherte sich die Glühtemperatur der Schmelzgrenze, so können wir nachher Erscheinungen feststellen, die den Widmannstättenschen Figuren des Gußgefüges entsprechen; der Stahl ist „überhitzt".

Das in Abb. 53 wiedergegebene Korn ist aus dem in Abb. 52 dargestellten durch Glühen bei 1250 Grad entstanden.

Abb. 54 zeigt einen beim Biegen rissig gewordenen Rohrkrümmer. Das Rohr wurde in einem Kohlenfeuer angewärmt und dabei örtlich durch Stichflammenwirkung überhitzt. Abb. 55 gibt das Gefüge am unerhitzten Ende, Abb. 56 das an der eingerissenen Überhitzungsstelle wieder. In Abb. 56 bemerkt man, außer der beginnenden Widmannstättenschen Struktur, in den Korngrenzen dunkle Linien, ein Zeichen dafür, daß Sauerstoff eingedrungen ist. Die Überhitzung war im vorliegenden Fall daher bereits bis zu einem Verbrennen des Stahles gediehen. Die feinen Oxydhäutchen zwischen den Körnern sind spröde, so daß der Stahl bei der Formänderung beim Biegen einreißen mußte.

Den überhitzten Stahl können wir durch erneute Wärmebehandlung „regenerieren", wieder feinkörnig machen. Am energischsten durch das schon erwähnte Vergüten, einigermaßen auch schon durch jede Überführung in feste Lösung mit darauffolgendem raschen Erkalten. Verbrannter Stahl kann auf diesem Wege nicht regeneriert werden, da die eingelagerten Oxydhäutchen bestehen bleiben.

Daß eine mechanische Einwirkung günstig auf die Struktur des Stahles zu wirken vermag, können wir uns ohne weiteres vorstellen, wenn wir an die Vorgänge zurückdenken, die sich in der Form, während des Erstarrens des Blockes, abspielen. Wir haben schon das letztemal gesehen, wie zwischen den Dendriten kleine Hohlräume durch hängengebliebene Blasen sich bilden können, die bei der mechanischen Verformung zuschweißen. Man kann aber weiterhin annehmen, daß auch allerhand Unreinigkeiten, wenn auch vielleicht nur geringsten Ausmaßes, z. B. solche aus der Schar der in der Schmelze langsam, nach Art der Klärung einer trüben Flüssigkeit, hochsteigenden Oxydations- und Desoxydationsprodukte in den Zwischenräumen zwischen den Kristallskeletten ihren Ruheplatz finden. Heyn spricht nach dem Vorgang von Quinke von sogenannten Schaumwänden, mikroskopisch dünnen Häuten zwischen den einzelnen Kristalliten. Diese Trennwände, die als Flächen geringsten Zusammenhanges, besonders bei höherer Temperatur anzusprechen sind, zerstören beziehungsweise zerteilen wir durch das Schmieden oder Walzen, desgleichen auch etwaige größere Schlackeneinschlüsse. Wir beseitigen also durch die Warmverformung die von der primären Kristallisation herrührende Brüchigkeitsanlage des Stahles.

Einseitig gerichtete Warmverformung führt dazu, daß das ferritisch-perlitische Gefüge geschichtete (streifige) Anordnung annimmt. Es bildet sich so unter der Mitwirkung der Schaumteilchen, Schlackeneinschlüsse usw. die sogenannte F a s e r oder S e h n e der Schmiede- oder Walzstücke aus. Abb. 57. Je stärker die Faserung entwickelt ist, desto stärkere Unterschiede zeigen sich in den Ergebnissen der aus den Stücken entnommenen Längs- und Querproben.

Abb. 58 zeigt als Beispiel das Bruchbild eines gehärteten Tragfederblattes aus einem Silizium-Manganstahl mit gut erkennbarer Faserausbildung.

Auch die örtlichen Seigerungen ordnen sich unter der Einwirkung einseitiger Warmverformung entsprechend an. Ihre durch Ätzung auf Phosphor sichtbar gemachte Lagerung wird als Z e i l e n s t r u k t u r bezeichnet. Abb. 59 zeigt als typisches Beispiel die aus dem Dendritengefüge der Abb. 22 hervorgegangene Zeilenstruktur.

Ganz besonders lesbar vermögen wir aber das Ergebnis der sekundären Kristallisation mechanisch zu beeinflussen. Jede bei Temperaturen unterhalb P K erfolgende Verformung, die sogenannte K a l t b e a r b e i t u n g , wirkt sich nämlich in einer Veränderung der Korngestalt aus, indem die Körner in der Arbeitsrichtung gereckt beziehungsweise gestaucht werden.

Biegen wir z. B. eine Flußeisenprobe um 180 Grad und legen wir Schliffe durch die gezogene, neutrale und gedrückte Zone, die wir auf Korngrenze ätzen, so erkennen wir die in Abb. 60—62

Abb. 57

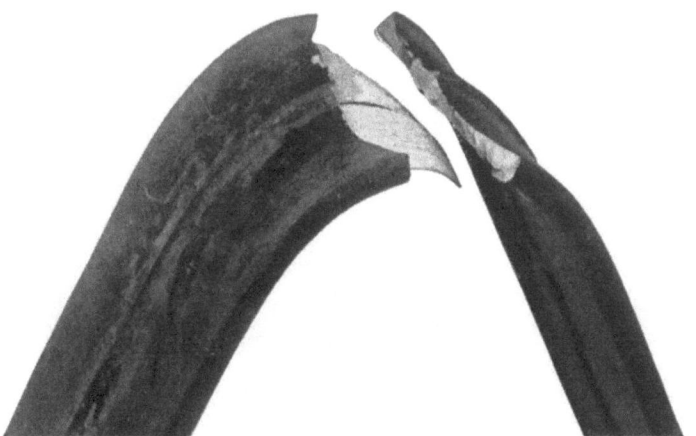

Abb. 58

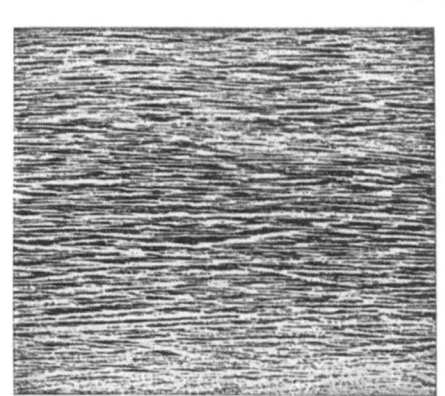

Abb. 59

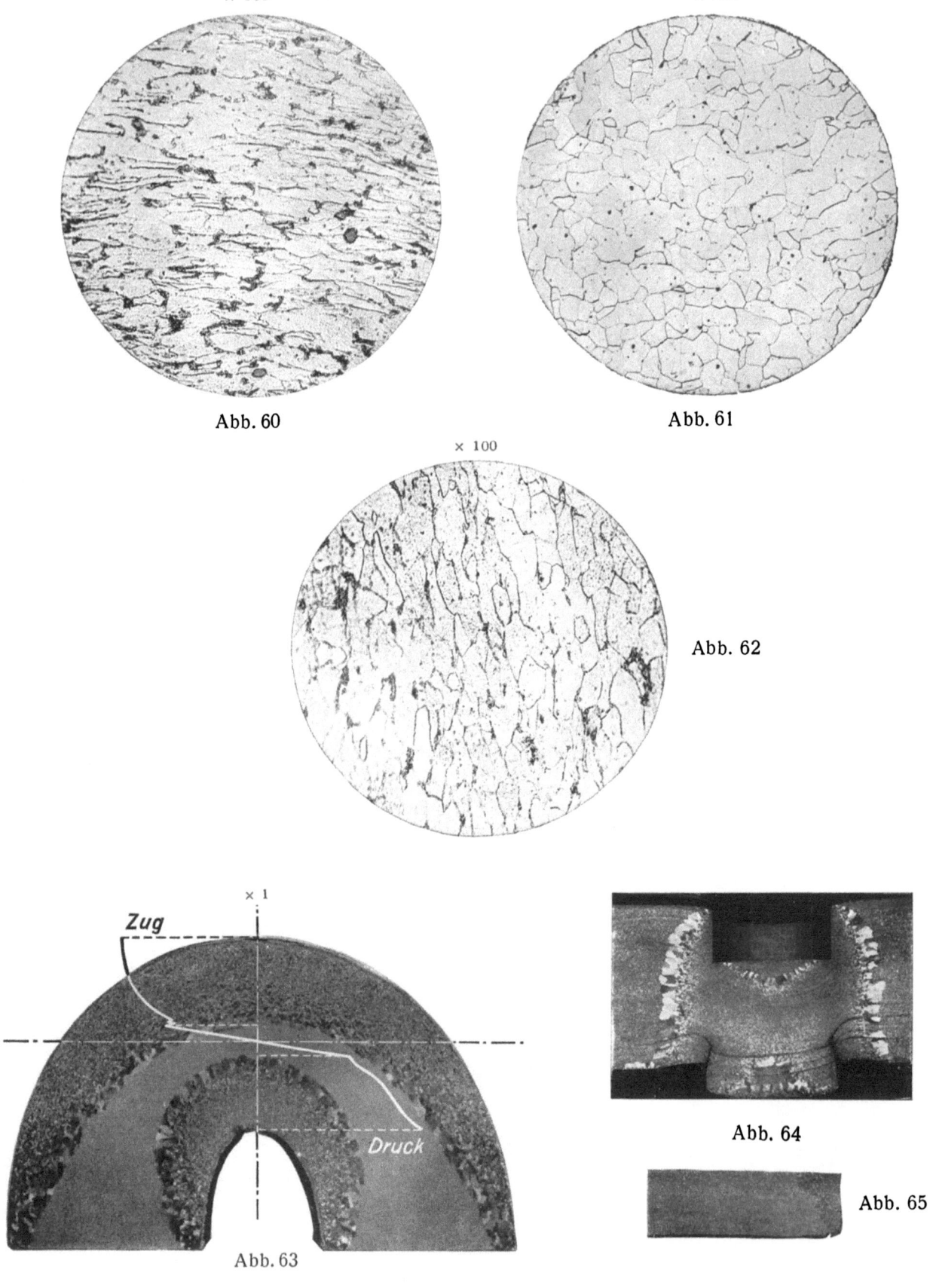

Abb. 60

Abb. 61

Abb. 62

Abb. 63

Abb. 64

Abb. 65

wiedergegebenen Kornarten. Abb. 60 ist der gezogenen Zone entnommen, Abb. 61 der neutralen und Abb. 62 der gedrückten Zone.

Mit dieser Kaltreckung stehen nun zwei, man möchte sagen Lebensäußerungen, des Kornes im engsten Zusammenhang. Wir bezeichnen die eine Erscheinung als die der Rückkristallisation, die andere als die der Alterung.

Rückkristallisation.

Es hat sich gezeigt und hat zu vielen praktischen Folgerungen geführt, daß gereckte Stoffe, wenn dieses Recken über ein gewisses Maß hinausgegangen ist, bei Wärmezufuhr das Bestreben haben, von gewissen als Kerne bezeichneten Zentren aus neue Kristallite zu bilden, die unter geeigneten Bedingungen viel größere Ausmaße anzunehmen in der Lage sind als die ursprünglichen Körner, aus denen sie hervorgegangen sind.

Zur Veranschaulichung des Gesagten möge wieder das Beispiel der Biegeprobe dienen. Abb. 63. Nach dem Glühen bei 730 Grad traten in der gezogenen und in der gedrückten Zone einer Weicheisenbiegeprobe die Rückkristallisationserscheinungen auf.

Die Größe der neuen Körner ist abhängig vom Reckgrad und von der Nachglühtemperatur. Es gibt für die einzelnen Materialien einen kritischen Reckgrad und eine kritische Glühtemperatur in dieser Angelegenheit. Im allgemeinen liegt der kritische Reckgrad kurz oberhalb der Streckgrenze, bei Stahl und Eisen ungefähr bei einer Reckung um 10%. Die kritische Glühtemperatur des Stahles liegt bei ca. 700 Grad, also verhältnismäßig niedrig. Bei höheren Reckgraden haben wir schwächere Rückkristallisation, ebenso aber auch bei höheren Nachglühtemperaturen.

Die Biegeprobe in Abb. 63 zeigt deutlich die den verschiedenen Spannungszuständen ihre Materialschichten entsprechenden Unterschiede in der Größe der neugebildeten Körner.
Bei der Untersuchung von Kesselblechen gestattet die Rückkristallisation häufig die Feststellung, ob z. B. Löcher gestanzt, aufgerieben oder gebohrt sind, ferner ob Kanten beschnitten wurden und wie tief die Wirkung der Schnittquetschung reichte. Abb. 64 zeigt ein gestanztes Nietloch mit dem Butzen, Abb. 65 eine Scherenschnittkante.

Es ist einleuchtend, daß der Werkstoff in seinen mechanischen Eigenschaften eine Verschlechterung erleidet, wenn die Größe der neugebildeten Körner ein gewisses Maß überschreitet. Selbst bloß örtliche Rückkristallisation bildet daher eine nicht zu unterschätzende Gefahrenquelle.

Wie stark weiches Flußeisen durch Rückkristallisation in seiner Zähigkeit geschädigt werden kann, wird durch von P. Goerens in dem V.-D.-I.-Sonderheft „Hochdruckdampf" bekanntgegebene Versuchsergebnisse eindrucksvoll erläutert.

Alterung.

Wir sahen, für die Hervorrufung der Rückkristallisation ist ein gewisser Reckbetrag notwendig. Wir dürfen aber nun nicht glauben, daß ein unter diesem Betrag bleibendes Recken den Stoff nicht schädigen würde. Dem ist nicht so, sondern bereits unter verhältnismäßig geringer Belastung werden in den Körnern gewisse Störungen eingeleitet. Bei manchen Werkstoffen bilden sie sich erst allmählich unter der Nachwirkung der durch die Belastung hineingebrachten Spannungen aus. Wenn wir ein solches Material später, nach längerer Zeit, untersuchen, finden wir, daß seine Festigkeitseigenschaften sich nachträglich noch ziemlich geändert haben. Wenn wir z. B. ein Flußeisenkesselblech kalt biegen und es dann alsbald untersuchen (Zerreißproben, Biegeproben, Kerbschlagproben), so hat diese Verformung dem Kesselblech anscheinend nichts geschadet; Festigkeit und Zähigkeit haben keine Einbuße erlitten. Lassen wir das Blech aber nun liegen und prüfen es nochmals nach langer Zeit, so finden wir zu unserm Erstaunen, daß es bei der neuen Prüfung andere Zahlen ergibt. Vor allem hat seine Zähigkeit gelitten, während die Festigkeit eher gestiegen ist. Wir sagen, das Stück ist inzwischen gealtert, und bezeichnen diese allmähliche Veränderung der Festigkeitseigenschaften des kaltgereckten Materials als Alterung. Die Alterung kann durch Wärmezufuhr so beschleunigt werden, daß ihr Ergebnis sofort eintritt. Es genügt dazu eine Erhitzung auf 250 Grad. Wir sprechen dann von einer künstlichen Alterung. Abb. 66 stellt die Ergebnisse von durch Baumann mit Kesselblechflußeisen ausgeführten Alterungsversuchen an Kerbschlagproben dar.

Von wesentlichem Interesse für das Weiterschreiten in der Verwendung höherwertiger Baustoffe ist die Beobachtung, daß nickellegierte Stahle nur geringe Neigung zur Alterung sowohl als auch zur Rückkristallisation haben.

Für die Sicherheit der Bauten, insbesondere der Kesselbauten, ist es nun von besonderer Wichtigkeit, Mittel und Wege zu haben, mittels derer wir feststellen können, ob der Baustoff bei der Formgebung solche Einwirkungen erlitten hat, daß mit einer Alterung gerechnet werden muß. Wir haben bereits gesehen, daß der Weg, in die Lebensgeschichte unserer Stahle Einblick zu erhalten, zumeist der ist, daß man einen Schliff hindurchlegt, die Schlifffläche poliert und in verschiedener Weise anätzt. Es gelingt nun manchmal, unter dem Mikroskop auf den Körnern die Merkmale der stattgefundenen Beanspruchung zu erkennen, in Form der sogenannten Gleitlinien. Abb. 67.

Immerhin setzt dieses Auftreten der Gleitlinien doch schon eine verhältnismäßig starke Einwirkung voraus, und da war es sehr willkommen, daß eine von Ad. Fry angegebene Ätzweise uns gestattet, auch noch schwächere Beanspruchungen nachzuweisen, indem bei dieser Ätzmethode alle diejenigen Stellen, an denen beim natürlichen oder künstlichen Altern die leiseste Verschiebung der Kornbauteile innerhalb eines Kornes, die geringste kristallographische Störung, stattgefunden hat, sich dunkel färben. Wir erhalten so die sogenannten Kraftwirkungslinien, von denen die Abb. 68—72 einige Beispiele, insbesondere solche, die den Kesselbaustoff betreffen, zeigen.

Wir wollen von Abb. 68 ausgehen. Das Bild zeigt die Eindruckwirkung eines Stempels auf ein Probestück aus Weicheisen. Nach dem Eindrücken des Stempels ist das Probestück bei 730 Grad geglüht worden. Soweit der Stempeleindruck eine das kritische Maß erreichende oder überschreitende Reckspannung verursacht hatte, ist Rückkristallisation des Stoffes aufgetreten. Unterhalb der hellen rückkristallisierten Zone erkennen wir dunkle sich kreuzende Streifen. Dies sind die erwähnten Kraftwirkungslinien, die anzeigen, wie weit die den kritischen Reckgrad zwar nicht mehr erreichende, aber doch mit kristallographischen Störungen verbundene Einwirkung des Stempeleindruckes gereicht hat. Dabei fällt auf, daß die unmittelbar unter dem rückkristallisierten Gebiet liegende und daher noch verhältnismäßig stark beanspruchte Zone infolge des dichten Zusammenliegens der Kraftwirkungslinien völlig gedunkelt erscheint. Völlige Dunkelung ist also das Anzeichen verhältnismäßig starker, dem kritischen Reckgrad nahekommender Einwirkung.

In Abb. 21 (S. 8) sahen wir ein gebogenes Kesselblech auf Seigerung geätzt. Die Abb. 69 und 70 geben dasselbe Blech nach Ätzung auf Kraftwirkungslinien wieder. Neben den durch das Biegen hervorgerufenen Linien heben sich im Gebiet der Nietnaht (Abb. 70) noch eigens und gut erkennbar die Wirkungen der Vernietung, der Stemmkanten und der Stemmfugen ab.

Abb. 71 zeigt ein bei der Wasserdruckprobe geplatztes Blech, dessen Risse in deutlichem Zusammenhange mit den Kraftwirkungslinien stehen. Abb. 72 gibt bei starker Vergrößerung einen Einblick in die Rutscherscheinungen innerhalb eines Kraftwirkungsstreifens.

Unwillkürlich wird man sich fragen: Gibt es eine Möglichkeit, die Erscheinungen der Rückkristallisation, der Alterung, der Kraftwirkungslinien wieder rückgängig zu machen, um ihren schädigenden Einfluß auf die Güte des Stoffes aufzuheben?

Ein Blick auf das Eisenkohlenstoffdiagramm gestattet uns, diese Frage zu bejahen. Wir müssen uns darüber klar sein, daß die genannten Schädigungen an dem Produkt der sekundären Kristallisation haften. Daraus ergibt sich als Heilmittel die Forderung, den Werkstoff durch Wärmezufuhr bis in das Gebiet der primären Kristallisation, also über die Grenzlinie G S E, d. h. über den Umwandlungspunkt A_{c3}, zu erhitzen. Lassen wir den Stoff nunmehr wieder abkühlen, so tritt eine neue sekundäre Kristallisation ein, deren Produkt in jungfräulicher Unberührtheit vorliegt.

Für das übliche Kesselbaumaterial kommen Glühtemperaturen von rund 900 Grad in Betracht.

Man bezeichnet die Herbeiführung besten Kornzustandes, wobei man durch geeignete Wahl der Temperaturhöhe und der Abkühlungsgeschwindigkeit die in jeder Hinsicht günstigsten Gefügeverhältnisse herbeizuführen sucht, als normalisieren.

Beim Biegen der Bleche für die Kesseltrommeln tritt auf der Außenseite eine Streckung, auf der Innenseite eine Stauchung des Werkstoffes ein; diese Beanspruchungen sind um so größer, je dicker das Blech im Verhältnis zum Biegungshalbmesser ist. Wird dabei die Quetsch- oder Streckgrenze überschritten, so liegt eine Kaltbearbeitung vor, mit den sich daraus ergebenden Folgen: Alterung und gegebenenfalls Rückkristallisation. Beim Vernieten der Stöße findet ebenfalls Kaltbearbeitung und Gefügestörung statt, selbst dann, wenn der Nietdruck nicht übermäßig ist.

Auch bei sorgfältigster Ausführung der Arbeit können die genannten Nachteile nicht ganz vermieden werden. Sie ließen sich nach dem vorhin Gesagten vollständig durch ein Ausglühen des fertigen Kessels beseitigen. Das verbietet sich aber, weil dadurch die Nietverbindungen gelockert und der Kessel undicht würde.

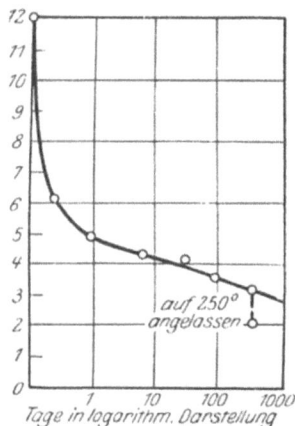

Abb. 66

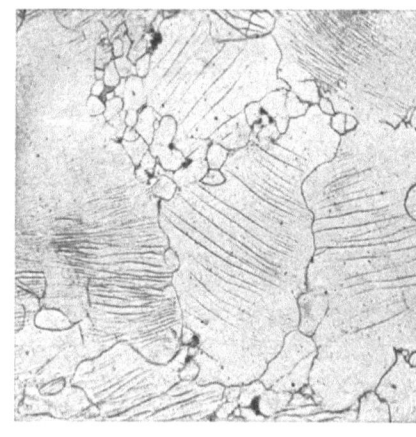

Abb. 67

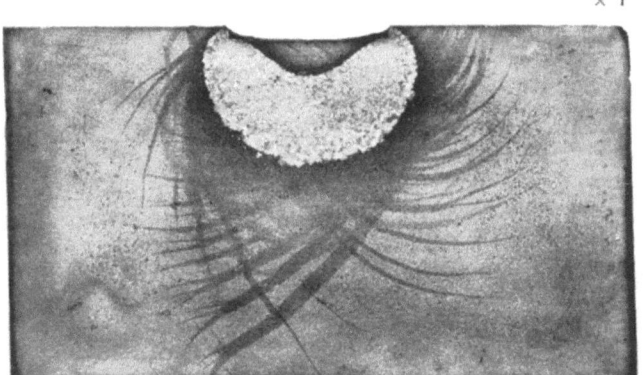

Abb. 68

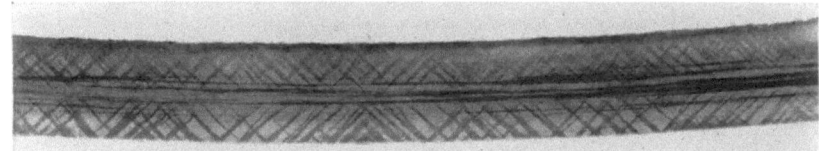

Abb. 69

Abb. 70

×2

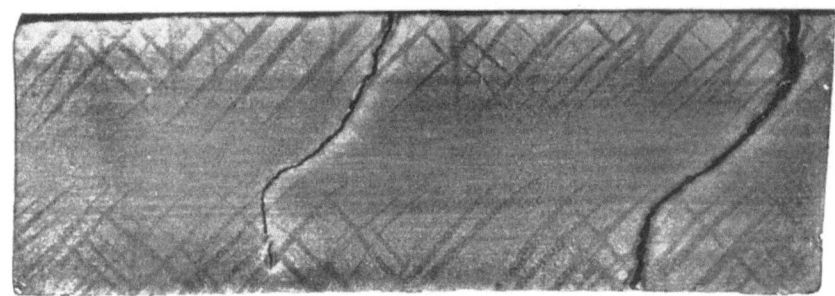

Abb. 71

×400

Abb. 72

Abb. 73

Abb. 74

Abb. 75

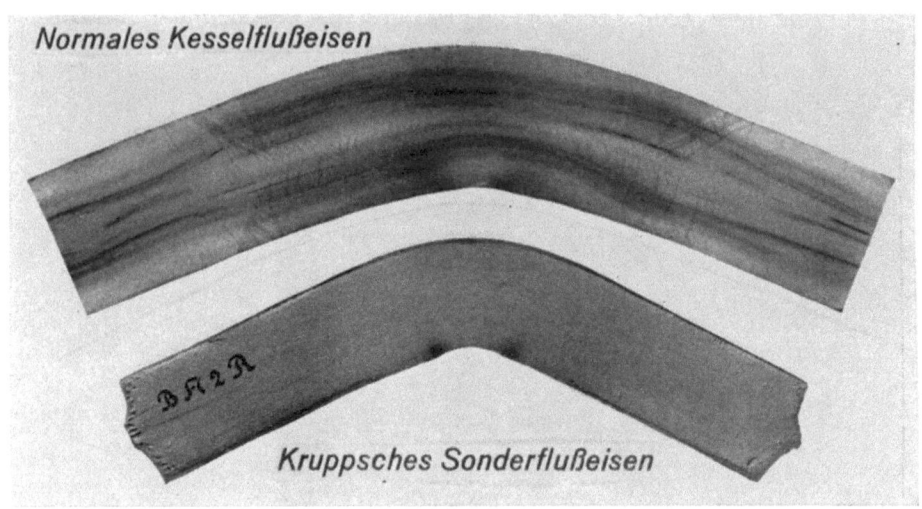

Abb. 76

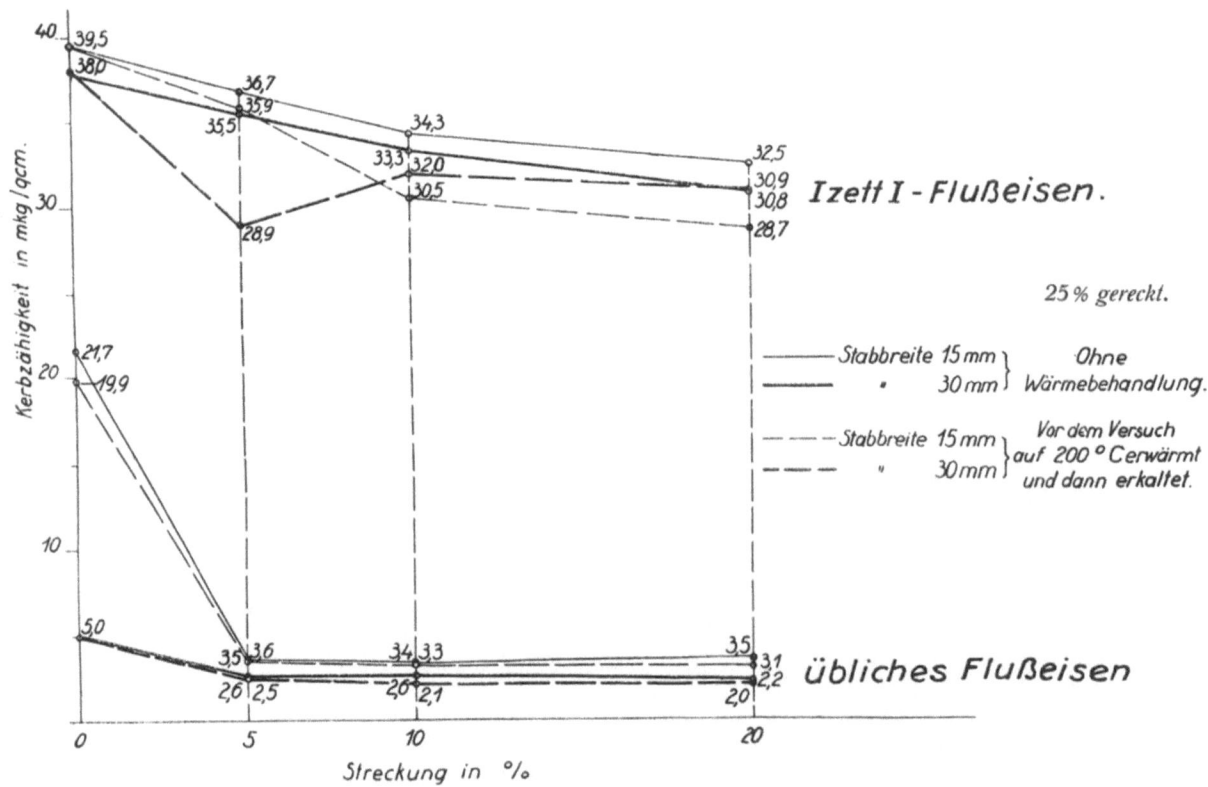

Abb. 77

Bei dem Kessel mit geschweißtem Stoß fallen die Schädigungen, die durch das Nieten entstehen, fort. Die Einflüsse des Biegens können beim geschweißten Kessel durch nachträgliches Ausglühen beseitigt werden. Dem geschweißten Kessel steht jedoch nur ein beschränktes Anwendungsgebiet zur Verfügung, da sich nicht alle Werkstoffe gut schweißen lassen und die Schwierigkeiten der Schweißung mit der Dicke des Bleches wachsen.

Aus dem Gesagten erhellt, daß es erstrebenswert ist, die Kesseltrommeln n a h t l o s herzustellen.

Nahtlose Trommeln können gewalzt oder geschmiedet werden. Der volle Stahlblock wird gelocht und durch Auswalzen oder Schmieden über einen Dorn auf den gewünschten Durchmesser gebracht. Beim Auswalzen ist man in der Länge beschränkt, man erreicht nicht alle Längen, welche der Kesselbau für die Trommeln fordert. Beim S c h m i e d e n der Trommeln ist man in der Länge innerhalb der praktischen Anforderungen unbeschränkt. Beim geschmiedeten Kessel läßt sich schließlich auch die Rundnaht an den Enden für die Befestigung der Böden vermeiden, indem man die Trommeln an den Enden halbkugelförmig einzieht und dort nur eine Mannlochöffnung beläßt. Abb. 73. Man kommt so zu einer Trommel ohne jede Nietverbindung und damit zu einem idealen Kessel. Abb. 74 und 75 zeigen die Kesselschüsse für das Großkraftwerk Rummelsburg in geschmiedetem Zustand und in der Bearbeitung befindlich.

Bei der Herstellung einer solchen nahtlos geschmiedeten Trommel hat man in der Wahl des Werkstoffes den weitesten Spielraum. Man kann sie jeder Wärmebehandlung unterziehen und damit die bestmöglichen, in allen Teilen gleichmäßig vorhandenen Materialeigenschaften erzielen.

Siehe auch hierzu P. G o e r e n s, Die Kesselbaustoffe, V.-D.-I.-Sonderheft „Hochdruckdampf".

Es ist neuerdings gelungen, ein unlegiertes Flußeisen, das alle an gutes Flußeisen zu stellenden Bedingungen erfüllt, darüber hinaus aber den Vorteil g e r i n g e r A l t e r u n g s - e m p f i n d l i c h k e i t besitzt, zu erzeugen. Die geringe Empfindlichkeit des Izett-Flußeisens gegen Alterung wurde durch Versuche der Staatlichen Materialprüfungsanstalt in Stuttgart bestätigt[1].

Abb. 76[2] zeigt Tiefätzung auf Kraftwirkungsfiguren auf üblichem Kesselflußeisen und auf Izett-Flußeisen. Sie sehen, daß letzteres praktisch keine Kraftwirkungsfiguren bei der Ätzung annimmt. Die in Abb. 77 wiedergegebenen Kurven aus dem Bericht der Materialprüfungsanstalt Stuttgart lassen erkennen, daß Izett-Flußeisen selbst durch 20%ige Reckung und nachfolgendes Anlassen nur eine geringe Abnahme seiner ursprünglichen Kerbzähigkeit erleidet, im Gegensatz zum üblichen Kesselflußeisen.

Schrifttum für Ergänzungsunterricht:

P. Goerens, Einführung in die Metallographie.

P. Oberhoffer, Das technische Eisen. 2. Aufl. Berlin: Julius Springer 1925.

Martens-Heyn, Materialienkunde II. Teil. Berlin: Julius Springer 1912.

R. Glocker, Materialprüfung mit Röntgenstrahlen. Berlin: Julius Springer 1927.

Fachaufsätze in:

Stahl und Eisen, Zeitschrift für das deutsche Eisenhüttenwesen.

Zeitschrift für Metallkunde.

Kruppsche Monatshefte.

---

[1] Bericht R. B a u m a n n auf der Tagung des Allgemeinen Verbandes der Deutschen Dampfkesselüberwachungsvereine in Zürich am 7. September 1926.
[2] Aus Ad. F r y, Das Verhalten der Kesselbaustoffe im Betrieb (Vortrag, gehalten in der Hauptversammlung der Groß- kesselbesitzer e. V. in Cassel am 17. September 1926), Kruppsche Monatshefte, November 1926.

III.
Die Prüfung des Werkstoffes.

Grundlinien der Werkstoffprüfung. Die chemische und die mechanische Prüfung. Übergang von der unmittelbaren zur mittelbaren Prüfweise. Schwächen dieses Verfahrens. Einfluß der Versuchsbedingungen. Ungleichheit des Werkstoffes. Statische und dynamische Prüfverfahren. Bedeutung des Bruchaussehens. Dauerversuche. Kontrolle der Prüfmaschinen.

Nachdem wir die Herstellung des Flußstahles, seine Eigentümlichkeiten und die sein Verhalten bestimmenden Begriffe kennengelernt haben, wollen wir uns nunmehr ein Bild davon verschaffen, wie wir den fertigen Stoff auf seine Eigenschaften zu prüfen vermögen. Es muß hierzu gesagt werden, daß die derzeitige Lage der deutschen Industrie zur restlosen Ausnutzung aller im Werkstoff sich bietenden Möglichkeiten zwingt. Daher die immer stärker in den Vordergrund tretende Bedeutung des Prüfwesens, sowohl für den Werkstofferzeuger als auch für den Werkstoffverbraucher.

Für die Zwecke des Kesselbaues kommen die **chemische** und die **mechanische** Prüfung in Betracht, ergänzt und unterstützt durch die uns schon bekannte Betrachtung des Feingefüges.

Durch die chemische Prüfung erfahren wir, welche Bestandteile und in welcher Menge der Werkstoff enthält; wir stellen durch sie fest, ob es gelungen ist, der Schmelze die beabsichtigte Zusammensetzung zu geben. Hierbei benutzt die chemische Prüfung für die Analyse, d. i. für die Ermittlung des prozentualen Gewichtsanteiles der einzelnen Eisenbegleiter, folgenden Weg: Der Bestandteil, dessen Vorkommen in der abgewogenen Späneprobe bestimmt werden soll, wird durch geeignete Behandlung der Späne in eine Verbindung übergeführt, die sich durch irgendeine Eigenart deutlich von dem Rest abhebt, so daß ihre Menge einwandfrei festgestellt werden kann. Aus der gefundenen Zahl läßt sich der Gewichtsanteil des in Frage stehenden Eisenbegleiters errechnen.

So wird z. B. der Kohlenstoff des Flußeisens durch Verbrennen der Probespäne in Kohlensäure übergeführt, die sich durch ihre Flüchtigkeit von den schwereren Verbrennungsprodukten absondern läßt. Silizium wird durch Lösung der Probespäne mit Salzsäure in Siliziumdioxyd übergeführt, das gegen weiteren Säureangriff unempfindlich ist und daher übrigbleibt, wenn der Rest weggelöst wird. Mangan wandelt sich bei Lösung der Späne mit Salpetersäure in Mangannitrat, das zu Permanganat oxydiert wird und dann volumetrisch bestimmt werden kann, usw. usw.

Die mechanische Prüfung ist die für den Überwachungsingenieur bedeutsamste Prüfungsart. Sie gibt uns Aufschluß darüber, ob der fertig vorliegende Baustoff den Anforderungen, die Fabrikation, Betrieb und behördliche Vorschrift an seine Festigkeit und Zähigkeit stellen, entspricht; ob wir daher erwarten dürfen, daß der aus ihm gefertigte Kessel sich bewähren wird. Die Ihnen, m. H., öfters obliegende Aufgabe, mechanische Abnahmeprüfungen auch über den Rahmen der Kesselüberwachung hinaus auszuüben, gibt Veranlassung, uns über das gesamte Gebiet der mechanischen Werkstoffprüfung zu unterhalten, in dem durch den Zeitrahmen gegebenen Ausmaße.

Zweck der mechanischen Werkstoffprüfung ganz allgemein ist, die Eignung eines gegebenen Stoffes für einen gegebenen Gebrauchszweck zu untersuchen oder festzustellen, welcher von vorliegenden Werkstoffen einer gewissen Gebrauchsabsicht am besten genügt.

Auf das Rechtsgebiet greift die Werkstoffprüfung über durch ihre Anwendung bei der Abnahme. Die Abnahme ist eine Gemeinschaftsarbeit zwischen Erzeuger und Verbraucher. Hier dient die Werkstoffprüfung dazu, vom Käufer aus festzustellen, o b und vom Erzeuger aus zu beweisen, d a ß ein geliefertes Stück tatsächlich die im Kaufvertrag ausbedungenen Werkstoffeigenschaften hat.

In ihrem Entwicklungsgang beschritt die Werkstoffprüfung zunächst durchaus sinngemäß den Weg, den betreffenden Gebrauchsgegenstand aus dem zu beurteilenden Werkstoff anzufertigen und der Betriebsbeanspruchung auszusetzen. Auf die Dauer konnte aber dieses Verfahren nicht beibehalten werden. Ihm trat entgegen die ins Unendliche wachsende Mannigfaltigkeit der Gebrauchszwecke sowie die zunehmende Schwierigkeit, die im Betrieb mitwirkenden Zufälligkeiten auszuschalten. So mußte die Prüfung des Werkstoffes durch betriebsmäßige Erprobung fertiger Teile immer mehr zu einer, nur aus bestimmten Gründen noch gewählten Ausnahme, werden. Zur Regel wurde die mittelbare Erprobung.

Hierfür entnimmt man aus dem zu untersuchenden Werkstoff eine oder mehrere Proben, bestimmt durch ein entsprechend gewähltes Verfahren das Maß, in dem der Stoff gewisse Eigenschaften besitzt und schließt hieraus auf die zu erwartende Widerstandsfähigkeit des aus dem Werkstoff gefertigten Gegenstandes, auf seine Betriebsbewährung.

Es darf hierbei nicht verkannt werden, daß dem so geschilderten Verfahren, die Betriebsbewährung eines Stoffes durch Messung gewisser Eigenschaften vorausschauen zu wollen, grundlegende Mängel anhaften. Zunächst ist eine eindeutige, durch ein Prüfverfahren erschöpfend darstellbare Betriebsbeanspruchung an sich außerordentlich selten. Daher ist fast nie mit Sicherheit zu sagen, daß die Messung, die wir vornehmen, nun auch wirklich kennzeichnend ist für das künftige Verhalten des Werkstoffes im Betrieb, technisch ausgedrückt: für seine Güte.

Vielleicht hängt die Güte, die Bewährung des Stoffes, von ganz andern Eigenschaften ab, als denen, die wir messen. Manchmal wissen wir dies sogar bestimmt, sind aber bloß nicht in der Lage, die maßgebende Eigenschaft zu messen. Ich erinnere hierzu z. B. an die Abnutzungsfrage. Vielleicht ist für die Güte des Stoffes aber auch noch das Verhältnis, in dem seine Eigenschaften zueinander stehen, maßgebend.

In solchen Fällen ist unsere technische Werkstoffprüfung dann nichts anderes als die Messung eines Kennwertes, indem wir auf Grund der Erfahrung festgestellt zu haben glauben, daß, wenn die als Kennwert geprüfte Eigenschaft genügt, der Stoff sich im Betriebe bewährt. Nicht immer kommen wir mit nur einem Kennwert aus; wir müssen häufig die Güte des Stoffes sozusagen als den Schnittpunkt zweier Sehlinien festlegen. Hierher gehört z. B. die oft in unliebsamer Weise gemachte Beobachtung, daß mit statischen Versuchen abgenommene Teile im Betrieb alsbald zu Bruch gingen, und die hieraus hervorgegangene Notwendigkeit, solche Teile neben den statischen auch einer dynamischen Prüfung zu unterwerfen.

Ferner aber, und damit treffen wir zugleich auf die Erklärung des vorstehend Gesagten, ist sich die neuzeitliche Werkstoffprüfung wohl bewußt, daß die Mehrzahl unserer sogenannten Werkstoffeigenschaften eigentlich nur Behelfsbildungen sind, daß sie wahrscheinlich nur den oberflächlichen Ausdruck tiefer liegender, von uns zurzeit noch nicht faßbarer Dinge darstellen.

Die Formen und Verfahren, in denen sich die Werkstoffprüfungen der Technik abwickeln, sind in der Hauptsache identisch mit denen, die auch von der wissenschaftlichen Forschung angewandt werden. Immerhin hat die Werkstoffprüfung, gerade auf dem mechanischen Gebiete, manche für die praktischen Bedürfnisse notwendigen Sonderverfahren in Anwendung. Außerdem hat die Werkstoffprüfung einige besondere Erkenntnisse gewonnen, die ihr ureigenster Besitz sind und zu besonderen Maßnahmen geführt haben.

Die erste dieser dem Praktiker sich aufdrängenden Erkenntnisse ist die von der starken Abhängigkeit seiner Prüfergebnisse von den Versuchsbedingungen und den obwaltenden Verhältnissen. Daher hat sich die Werkstoffprüfung N o r m e n für die Versuchsausführung aufgestellt.

Es ist überhaupt eine eigentümliche Erscheinung, daß die Beschäftigung mit der Werkstoffprüfung jedem, der sich nachdenklich mit ihr befaßt, in immer stärkerem Maße die Bedeutung des Begriffes „Verhältnis" aufdrängt. Schon der Begriff Güte ist kein absoluter, sondern ein relativer. Was höchste Güte für einen Eisenbahnradreifen sein kann, ist vielleicht das Allerverderblichste für eine Feuerkiste. Aber vor allem ist das Meßergebnis beim Versuch beeinflußt durch das Verhältnis, in dem die gestellte Anforderung zur Leistungsfähigkeit des Stoffes überhaupt steht. Hierbei ist ganz besonders bemerkbar der Einfluß des Geschwindigkeitsverhältnisses. Überall zeigt sich bei unsern Prüfungen, daß jedem Stoff eine bestimmte Formänderungsschnelligkeit innewohnt, und die Art, wie der Werkstoff auf die Prüfung anspricht, ändert sich je nach dem Verhältnis, in dem die Prüfgeschwindigkeit zu seiner Formänderungsschnelligkeit steht. Dabei wird die Formänderungsschnelligkeit des Stoffes weitgehend durch die Versuchstemperatur beeinflußt.

Die zweite durch den Prüftechniker bei der praktischen Prüfarbeit gewonnene Erkenntnis ist die, daß eine einem Werkstück entnommene Probe nicht immer ohne weiteres als vollgültiger Vertreter des Stoffes über die ganze betreffende Form hin gelten kann.

Die chemische Werkstoffprüfung hat dies bereits frühzeitig erkannt und sichert sich durch entsprechende Mischarbeiten eine Durchschnittsprobe, sofern das Durchschnittsurteil genügt und nicht die Kenntnis der örtlichen Verschiedenheiten notwendig ist. Solche Durchschnittsverfahren stehen der mechanischen Prüfung nicht zur Verfügung, da diese naturgemäß stets auf rein örtliche Probenentnahme angewiesen ist. Und gerade die mechanische Werkstoffprüfung hat die Erfahrung gemacht, daß bei allen Werkstücken von größeren und stark wechselnden (auch der Richtung nach wechselnden) Ausmaßen die örtlichen Meßzahlen stark voneinander abweichen können. Der Grund hierfür liegt in dem Charakter unserer Stoffe als Legierungen, die beim Erstarren aus der Schmelze die uns schon bekannten Entmischungen erfahren. Ferner in den Einflüssen der Formgebung mittels Schmiedens oder Werkstoffwegnahme, die die Wirkungen der Entmischvorgänge zu verstärken oder überhaupt erst in die Erscheinung treten zu lassen vermögen, und letzten Endes in der begrenzten Tiefenwirkung der Vergütungsverfahren.

Der Zugversuch.

Abb. 79 zeigt Proben, wie sie z. B. dem Werkstoff für die Zwecke des Zugversuches entnommen werden. Man bestimmt an ihnen die Festigkeit und die Verformbarkeit des Stoffes; letztere ersehen wir aus der Dehnung und Einschnürung des Stabes. Bekanntlich lehrte hierbei die Erfahrung, daß die Dehnungszahl abhängig ist von dem Verhältnis, in dem die sogenannte Meßlänge l des Stabes zum Querschnitt f des Stabes steht. Man hat dieses Verhältnis daher festgelegt und die in der Abbildung dargestellten sogenannten Normalstäbe eingeführt. Dabei ist es zulässig, auch kleinere Stäbe zu verwenden, sofern man nur darauf achtet, daß das Verhältnis zwischen Meßlänge und Querschnitt dasselbe wie beim Normalstab bleibt, daß man also sogenannte Proportionalstäbe anwendet. Von dem Normalverhältnis $l = 11,3\sqrt{F}$, wie es die Abbildung zeigt, geht man neuerdings zum Verhältnis $l = 5,65\sqrt{F}$ über, so daß der Normalstab eine Meßlänge von 100 mm erhält [1].

Um die Probestäbe dem Zugversuch zu unterwerfen, benötigen wir maschineller Einrichtungen, der sogenannten Zerreißmaschinen. Der Antrieb der Zerreißmaschinen kann sowohl durch mechanische Getriebe als auch auf hydraulischem Wege geschehen.

Abb. 78 zeigt die Maschine, mit der die im Laufbild gezeigten Versuche durchgeführt worden sind [2], eine 50-t-Zerreißmaschine (Amsler). Auf 4 Säulen ruht ein Zylinder mit dem darin eingeschliffenen Zugkolben. Mittels Querhauptes und Gestänges trägt der Kolben die eine Einspannvorrichtung. Der Stab ist bereits eingespannt. Die andere Einspannvorrichtung ist durch eine Spindel mit dem Fundament der Maschine verbunden und kann durch Kurbelgetrieb höher oder tiefer gestellt werden. Für die Belastung schicken wir durch das von rechts herkommende Rohr Drucköl unter den Kolben. Der Kolben bewegt sich hierdurch aufwärts und zieht den Stab. Das Drucköl selbst wird in einem andern Raum durch mit einem Akkumulator verbundene Pumpe erzeugt.

Das Einströmen des Öles und damit die Belastung regulieren wir mittels Ventile, die Sie an dem rechts stehenden besonderen Apparat angebracht sehen. Dieser Apparat, das sogenannte Pendelmanometer, dient gleichzeitig auch zum Messen der Belastung. Er enthält ein kleines Kölbchen, das sich dem Druck des durchströmenden Öles entsprechend einstellt, indem es ein schweres Pendel zum Ausschlagen bringt. Der Ausschlag des Pendels wird auf einem Drehzeiger übertragen. Um beim Rückgang des Zeigers noch erkennen zu können, wie groß sein Ausschlag gewesen ist, ist ihm ein Schleppzeiger beigefügt.

Abb. 80 bis 82 zeigen nebeneinander die charakteristischen Bruchenden eines weichen, eines mittelharten und eines harten Stabes mit entsprechendem Betrag der Einschnürung. Stark verformbare Metalle, wie Blei, Zinn u. dgl., ergeben an der Bruchstelle fast an 100 % Querzusammenziehung, gemessen in Prozenten des ursprünglichen Querschnittes. Werkstoff, wie Hartguß z. B., der keine nennenswerte Verformbarkeit besitzt, zeigt an den

---
[1] DIN 1605 I.
[2] Lehrfilm des Verfassers „Die Werkstoffprüfung" (Laufbilder, Stehbilder, Vortrag; 800 m, 1¼ St.).

Abb. 78

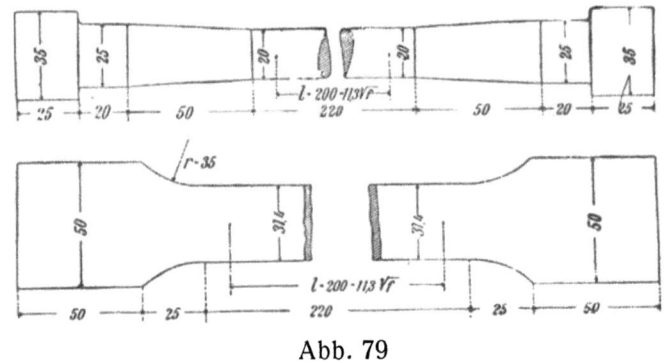

Abb. 79

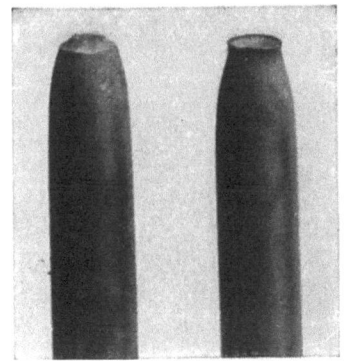

Abb. 80

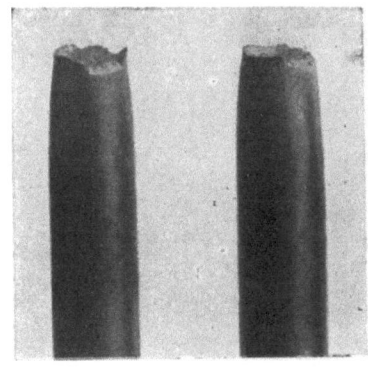

Abb. 81

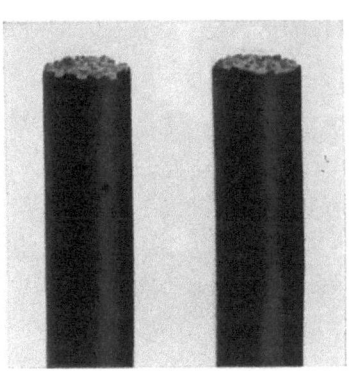

Abb. 82

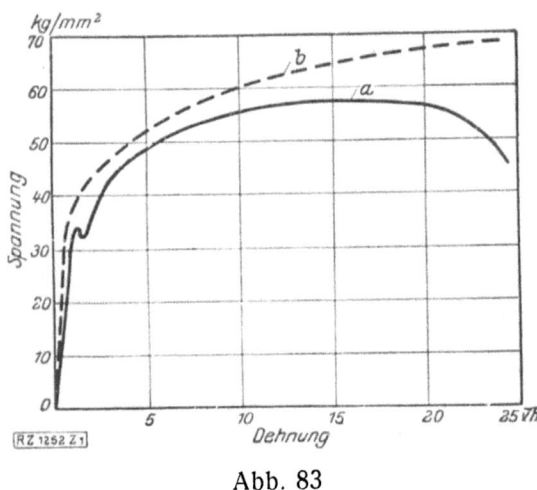

Abb. 83

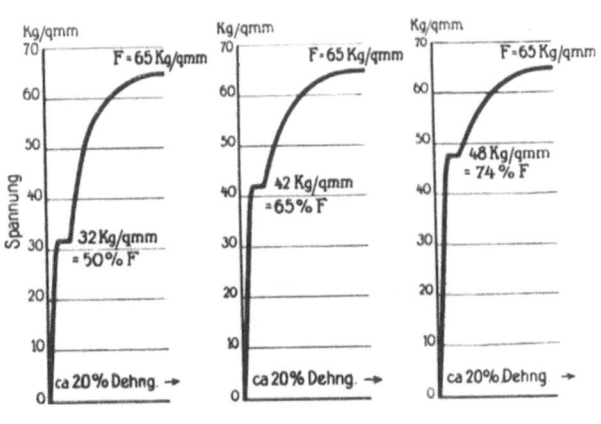

Abb. 84

Bruchstellen minimalste Querzusammenziehung. Zwischen beiden Endformen gibt es Übergänge jeder Abstufung.

Bei der Vorführung des Zugversuches läßt sich beobachten, daß der Stab sich am Anfang nur wenig, später dagegen stärker dehnt. Tragen wir auf senkrechter Koordinatenachse die Belastungen oder die Spannungen in kg/qmm auf und wagerecht dazu jedesmal die entsprechende Verlängerung der Meßlänge, so erhalten wir das sogenannte Spannungs-Dehnungsdiagramm. Abb. 83.

In der Regel wird das Diagramm selbsttätig aufgenommen. Hierzu dient der „Selbstzeichner". Dessen Schreibtrommel ist durch Schnurlauf mit dem Zugkolben verbunden und reagiert so durch ihre Drehung auf die Dehnung des Stabes. Der Schreibstift reagiert auf die Belastungen, wird z. B. im vorliegenden Falle von dem ausschlagenden Pendel hin- und hergeschoben.

Die Höchstlast, die der Stab vor dem Zerreißen ausgehalten hat, die also seiner Zugfestigkeit entspricht, ist höher als die Last, bei der das Fließen einsetzte. Praktisch aber ist die Gebrauchsfähigkeit (Widerstandsfähigkeit) eines Konstruktionsteiles beim Überschreiten der Fließ- oder Streckgrenze des Werkstoffes als erledigt zu betrachten, denn oberhalb der Streckgrenze führen alle Belastungen stets starke Formänderungen des Konstruktionsteiles nach sich. Darin liegt die große Bedeutung der Streckgrenze für den Konstrukteur und der große Wert der von unsern Stahlwerken geübten Vergütung des Stahles. Eine der charakteristischen Folgen der Vergütung ist nämlich die, daß die Streckgrenze des Stoffes ganz beträchtlich gehoben wird.

In dem nun folgenden Bilde 84 sehen Sie schematisch nebeneinandergestellt die Dehnungskurven je eines geglühten Kohlenstoffstahles, eines vergüteten Sonderstahles mittlerer Qualität und eines gleichfalls vergüteten hochwertigen Chromnickelstahles. Alle drei haben — die Marken sind entsprechend ausgewählt worden — eine Festigkeit von ca. 65 kg/qmm, aber die Streckgrenze, d. h. die Spannung, bei der das Konstruktionsteil anfängt, sich in unzulässiger Weise zu deformieren, liegt beim Kohlenstoffstahl bei der halben Festigkeit; beim vergüteten Sonderstahl bei 65% der Festigkeit und beim vergüteten Chromnickelstahl bei $^2/_3$ der Festigkeit. Die Bruchdehnungen der 3 Stahlsorten sind einander annähernd gleich.

An den Werkstoffen, deren Fließbeginn mit scharfem Absatz, Linie a der Abb. 83, einsetzt, ist die Grenze stets sehr deutlich wahrnehmbar. Für die Fälle, in denen das deutlich wahrnehmbare Absinken am Kraftanzeiger ausbleibt und die Zuglinien sich der Form b, mit allmählicher Dehnungszunahme, nähern, hat sich die Praxis nach einem Übereinkommen geholfen: sie betrachtet die Streckgrenze als überschritten, wenn die Probe sich über ein als zulässig anerkanntes Maß bleibend gedehnt hat. Als dieses Maß hat man eine bleibende Dehnung von 0,2% der ursprünglichen Meßlänge ziemlich international angenommen.

Sinngemäß wird man die 0,2%-Grenze als „Dehngrenze" bezeichnen. Ihre konventionelle Festlegung ist nicht unabhängig von dem Grad der Anforderung, die jeweilig an das Spiel der Maschinenelemente gestellt werden.

In den Abnahmebedingungen sind bestimmte Höhenlagen der Streckgrenze vorgeschrieben. Um festzustellen, ob der Werkstoff von der Dehnungsart b der Vorschrift genügt, kann man in verschiedener Weise vorgehen. Man kann einmal die vorgeschriebene Belastung unmittelbar dem Probestab auferlegen, sodann entlasten und mittels eines geeigneten Gerätes nachträglich feststellen, ob der Betrag von 0,2% bleibender Dehnung überschritten ist oder nicht.

Der in Abb. 85 wiedergegebene Krupp-Kennedy-Dehnungsmesser hat vor dem Martens-Kennedy-Dehnungsmesser den Vorzug, als Ganzes angesetzt und abgenommen werden zu können. Dies ist dadurch erreicht, daß die Schneiden nicht lose, sondern durch eine Drehachse mit den Meßstreifen verbunden sind.

Bei solchem Vorgehen erfährt man allerdings nicht, wo die 0,2%-Grenze wirklich liegt. Will man das wissen, so muß man stufenweise vorgehen und auf jeder Stufe entlasten. Die Ergebnisse zeigt beispielsweise Zahlentafel 1 oder, in Schaulinien aufgezeichnet, Abb. 86.

Zahlentafel 1.

Ermittlung der 0,2%-Grenze durch abgestufte Be- und Entlastung, Meßlänge 100 mm, Stabquerschnitt 30,0×3,7 mm² (Stahlblech).

Belastung		Ablesung		Mittel	Dehnung		Bemerkungen
		links	rechts		gesamte	bleibende	
kg	kg/mm²	1/200 mm	1/200 mm	1/400 mm	mm	mm	
3000		27	23	50	0,1250	—	
3200		29	25	54	0,1350	—	
3400		31	27	58	0,1450	—	
3600		33	29	62	0,1550	—	
3800		37	31	68	0,1700	—	
4000		39	33	72	0,1800	—	
4200		42	35	77	0,1925	—	
4400		45	37	82	0,2050	—	
4600		48	40	88	0,2200	0,0175	
4800		53	43	96	0,2400	0,0275	
5000		57	48	105	0,2625	0,0350	
5200		62	52	114	0,2850	0,0500	
5400		67	57	124	0,3100	0,0600	
5600		74	62	136	0,3400	0,0825	
5800		83	70	153	0,3825	0,1125	
6000	54,0	96	80	176	0,4400	0,1850	0,2%-Gr.
6200		117	100	217	0,5425	0,2500	
6400		152	132	284	0,7100	0,3925	
8100	73,0	gemessene Bruchdehnung 14,5%					Bruch

Selbst wenn man das zugehörige Schreibwerk durch Weglassen mancher Aufzeichnungen vereinfacht, bleibt das ständige Entlasten und Wiederbelasten umständlich. Daher haben verschiedene Behörden einen Weg eingeschlagen, der sich aus folgender Überlegung ergibt: Zu jeder bleibenden Dehnung gehört auch eine elastische Dehnung, und bei einem bestimmten Werkstoff entspricht den 0,2% bleibender Dehnung daher ein bestimmter Betrag gesamter Dehnung. Wenn man nun an Stelle der bleibenden Dehnung die entsprechende gesamte Dehnung, in Abb. 86 z. B. 0,44%, zugrunde legt, so kann man den Versuch, ohne zu entlasten, fortlaufend durchführen. Man entnimmt jetzt die 0,44%-Grenze (im angegebenen Beispiel) entweder nachträglich der beim Versuch mechanisch aufgenommenen Zerreißschaulinie oder sofort während des Versuches den fortlaufend verfolgten Ablesungen am Dehnungsmesser.

In der zuletzt angegebenen Weise geht z. B. die französische Kriegsmarine vor. Sie erleichtert hierbei dem Prüftechniker die anstrengende fortlaufende Beobachtung dadurch, daß sie an dem Probestab ein elektrisches Läutewerk anbringt, das ertönt, sobald der Stab sich um das entsprechende Maß gedehnt hat.

Durch Be- und Entlasten verfolgt man auch das elastische Verhalten der Baustoffe, wobei die technische Elastizitätsgrenze als überschritten gilt, wenn die bleibende Dehnung mehr als 0,03% der ursprünglichen Meßlänge beträgt. Ob eine physikalische Elastizitätsgrenze bei unseren Werkstoffen besteht, bleibt dabei dahingestellt. Im Beispiel der Zahlentafel 1 und Abb. 86 liegt die Elastizitätsgrenze bei 5000 kg oder 45 kg/mm² Spannung

Bekanntlich tritt auf entsprechend hergerichteten, polierten oder oxydierten Proben das Überschreiten der Streckgrenze in Form von Fließfiguren in Erscheinung. Abb. 87 zeigt auf einem polierten Flachstab die im Winkel von ca. 45 Grad zur Stabachse rasch dahinhuschenden Streifungen. Dieselben verschwinden bei weiterschreitender Dehnung des Stabes in der allgemeinen Krispelung der Staboberfläche. Bei mit der Walzhaut geprüften Stäben zeigen sich die Fließfiguren vielfach in Form eines Einreißens der Walzhaut.

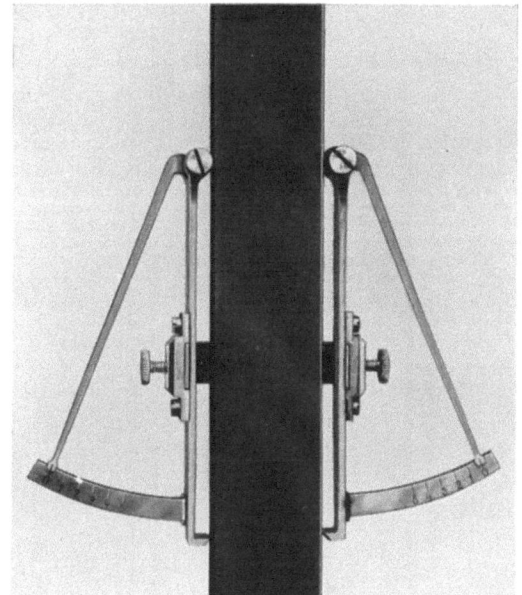

Dehnungsmessung mit Krupp-Kennedy-Apparat

Abb. 85

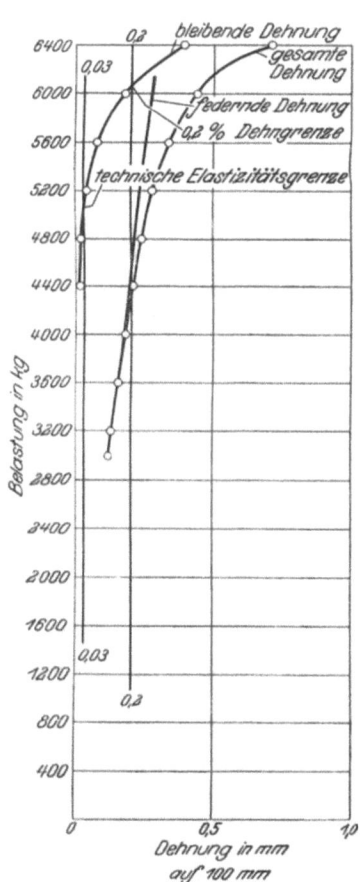

Abb. 86

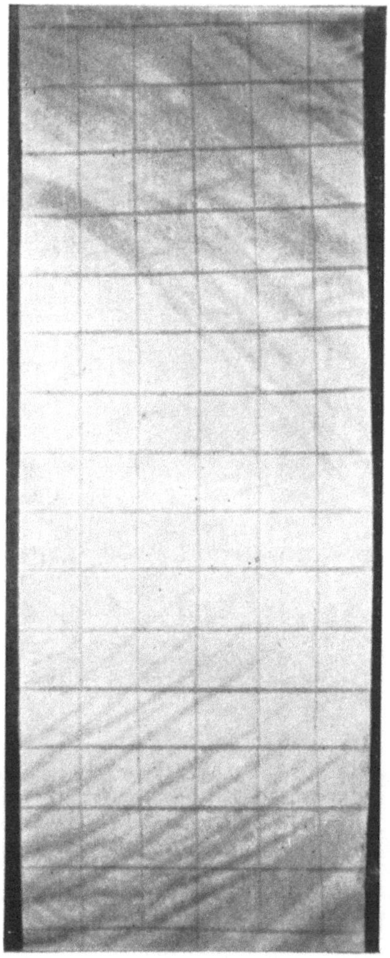

Abb. 87

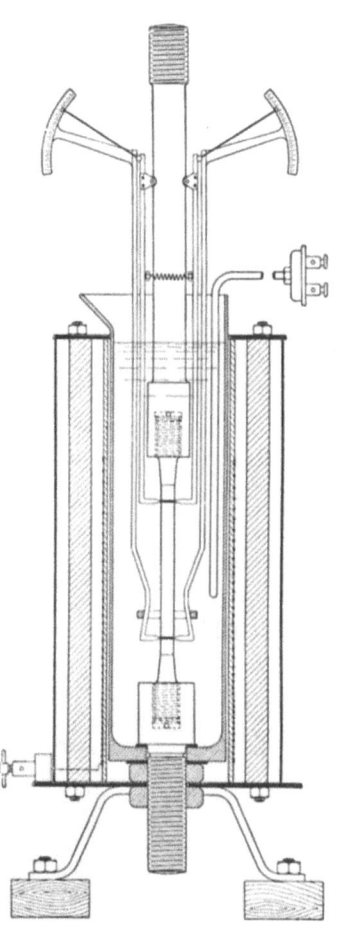

Abb. 88

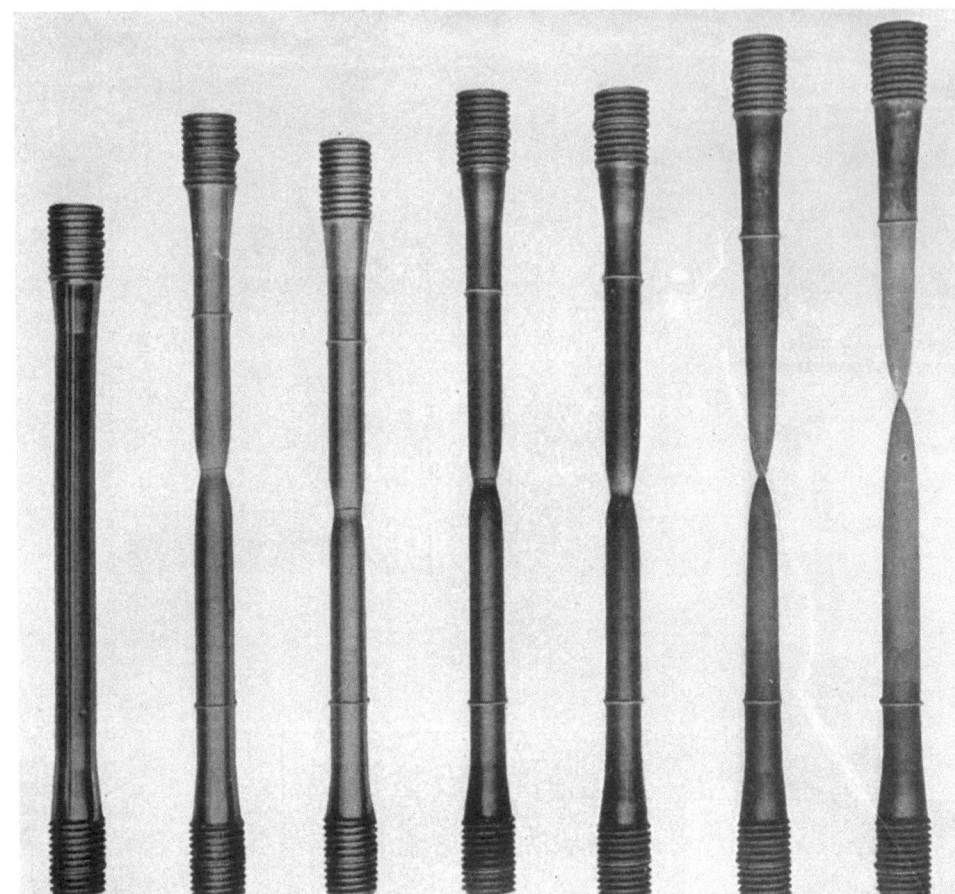

Abb. 89

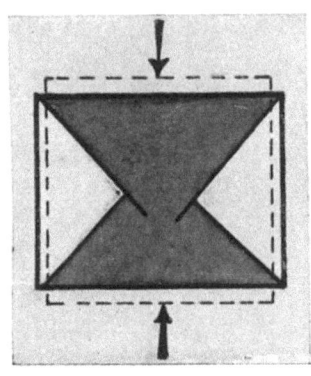

Abb. 90

Abb. 91

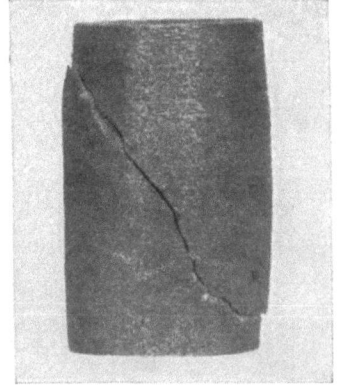

Abb. 92

Abb. 93

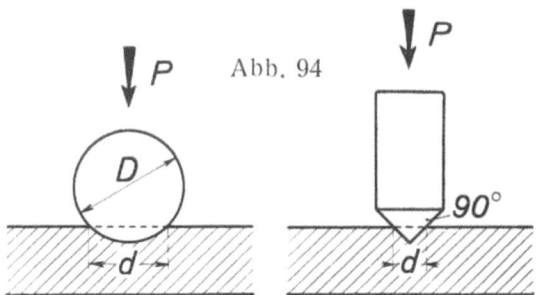
Abb. 94

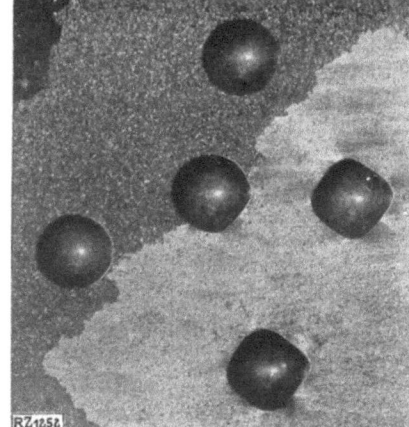
Abb. 95

Abb. 96

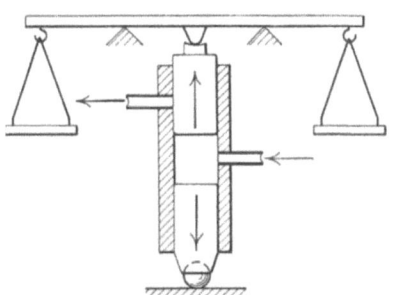
Abb. 97

Abb. 98

Abb. 99

Abb. 100

Abb. 101

Abb. 102

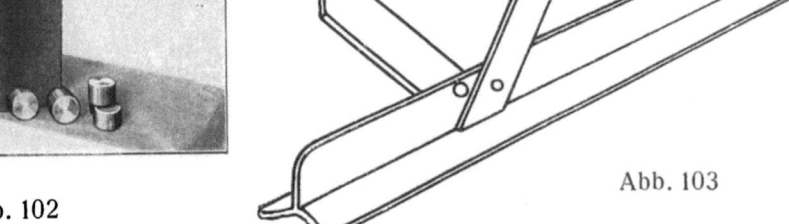

Abb. 103

Eine Sonderform des Zugversuches, der **Warmzerreißversuch**, kann heute bereits zu den dauernd gebrauchten Prüfarten der Praxis gerechnet werden. Durch ihn unterrichten wir uns über das Verhalten des Stoffes bei den höheren Betriebstemperaturen.

Abb. 88 zeigt eine für den Warmzerreißversuch geschaffene Einrichtung mit Vorkehrungen für Feinmessung, Abb. 89 bei zunehmenden Temperaturen zerrissene Flußeisenstäbe, nachstehende Aufstellung die zugehörigen Werte der Streckgrenze, Festigkeit, Dehnung und Einschnürung.

Temperatur	20°	200°	300°	400°	500°	600°
Streckgrenze	34	27	19	16	12	—
Festigkeit	44,0	53,4	48,1	42,0	24,4	4,7
Dehnung	21,0	13,4	24,7	26,7	40,6	42,2
Einschnürung	64	51	63	68	95	99

Die Festigkeit des Flußeisens steigt mit zunehmender Temperatur zunächst an, bis dann oberhalb rund 200° der Abfall einsetzt. Die Dehnung verhält sich entsprechend umgekehrt.

Der Druckversuch.

Analog zu dem beim Zerreißversuch Geschilderten vollziehen sich die Vorgänge beim Druckversuch. Abb. 90. Während jedoch durch Zerreißen der Zusammenhang der untersuchten Körper stets aufgehoben werden kann, ist dies beim Druckversuch nicht immer möglich. Man begnügt sich daher beim Druckversuch vielfach mit der Feststellung der Fließgrenze, hierbei auch Quetschgrenze genannt. Abb. 91 und 92. Besonders interessant zeigt sich das Eintreten der Quetschgrenze bei Rohren mit zunehmender Wandstärke. Infolge der Zunahme der Wandstärke tritt die Quetschgrenze bei solchen Rohren stufenweise auf, es bildet sich eine Art Faltenbalg. Abb. 93.

Abb. 91 = Gußeisenwürfel, Abb. 92 = Gußeisenzylinder (h = 2 d).

Die Härteprüfung.

Zu den beim Zugversuch und beim Druckversuch sich offenbarenden Festigkeitseigenschaften des Werkstoffes steht in engster Beziehung seine Härte. Deren Feststellung, die Härteprüfung, hat in den letzten Jahren immer größere Bedeutung gewonnen, und zwar in sämtlichen Formen, die bis jetzt für sie erdacht worden sind.

Am verbreitetsten ist die **Eindruck**-Härteprüfung. Eine Kugel nach Brinell oder ein Kegel nach Ludwik, Abb. 94, wird in den zu prüfenden Werkstoff eingedrückt, und es wird dann der Durchmesser des Eindruckrandkreises unter dem Mikroskop gemessen. Je härter der Stoff, desto kleiner ist der Eindruck. Die Eindruckfläche geteilt in die Belastung ergibt den spezifischen Eindringwiderstand des Werkstoffes, und dieser wird als Härtezahl benutzt[1].

Gelegentliche Abweichungen des Eindruckrandes von der reinen Kreisform weisen hierbei darauf hin, daß wir nur deshalb kalottenförmige Eindrücke erwarten dürfen, weil in der Regel die Aufbaukristalle unserer Werkstoffe so klein sind, daß die Kugel in ein Haufwerk ohne bevorzugte Widerstandsrichtungen eindringt. Abb. 95 zeigt, wie beim Eindrücken in Einkristallite sofort die gesetzmäßige Bevorzugung bestimmter Widerstandsrichtungen in die Erscheinung tritt. Teilweise rekristallisierte Weicheisenprobe. Kugeleindrücke im Haufwerk: kreisrunde Begrenzung, im Einkristallit: viereckige Begrenzung. Übergangseindruck hälftig rund, hälftig eckig begrenzt. Siehe auch Abb. 26.

Zum Eindrücken der Kugeln (diese kommen hauptsächlich in Betracht, weil als Massenerzeugnis beziehbar) können die verschiedensten Einrichtungen benutzt werden.

Die Original-Brinellpresse hat 2 Kolben in senkrechter Führung; sobald Drucköl zwischen die Kolben gepumpt wird, geht der eine Kolben nach unten und drückt die Kugel in die Probe, der andere Kolben geht nach oben und hebt die dem auszuübenden Druck entsprechende Belastung an. Abb. 96 und 97.

Die Werkstoffprüfung hat nun sehr rasch auf Grund ihrer Zahlenunterlagen erkannt, daß die mit dem Eindruckverfahren gemessene Härte des Stoffes in zahlenmäßiger Be-

---
[1] DIN 1605 II.

ziehung zu der mittels Zugversuches ermittelten Festigkeit steht. Sie hat sich daher in die Lage gesetzt gefunden, in vielen Fällen den Zerreißversuch durch die Härteprüfung zu ersetzen, Abb. 98, mit bedeutendem wirtschaftlichen Gewinn durch Zeit- und Kostenersparnis.

Für die Umrechnung der ermittelten Härtezahlen in Festigkeitswerte dient auf der Gußstahlfabrik bei Kohlenstoffstahl die Gleichung Festigkeit = 0,36 Kugeldruckhärte, bei Chromnickelstahl die Gleichung Festigkeit = 0,34 Kugeldruckhärte.

Durch die Verwendung der Härteprüfung bei der Güteprüfung von Massenlieferungen ist es möglich, den Zerreißversuch bei der Nachprüfung und bei der Abnahme auf einige Stichproben zu beschränken. Alle übrigen Teile der Lieferung werden mittels der Härteprüfung auf ihre Übereinstimmung mit der Stichprobe geprüft, wozu auf jedem Teil eine bis zwei Flächen für den Eindruck angeschliffen werden müssen. Abb. 99 und 100.

Bei Radreifen legt die Bahnverwaltung Wert darauf, auf einen Radsatz möglichst Reifen gleichen Abnutzungswiderstandes aufzuziehen. Um hier einigermaßen sicher zu gehen, benutzt man, da eine befriedigende Abnutzungsprüfung noch fehlt, wieder die Härteprüfung. Ein Förderband führt die Reifen zunächst unter eine kleine Fräsbank für das Einfräsen der Prüffläche, Abb. 101, dann bringt das Band die Reifen zur Härteprüfmaschine. Die gemessene Härte wird neben dem Eindruck auf den Radreifen eingeschlagen.

Häufig ist es wertvoll, die auf Härte zu prüfenden Stücke nicht zur Maschine bringen zu müssen, sondern die Maschine zu den Stücken. Von den vielen dafür ersonnenen Vorrichtungen sei hier der sogenannte S c h l a g h ä r t e p r ü f e r erwähnt. Durch ausgelöste Federspannung wird ein Schlagbolzen nach vorne getrieben, der die Kugel in das Prüfstück eintreibt. Der so dynamisch erzeugte Kugeleindruck steht in gesetzmäßiger Beziehung zu dem statisch erzeugten.

Abb. 102 führt z. B. den Schlaghärteprüfer nach B a u m a n n (Steinrück) in Benutzung vor. Recht handlich ist auch ein unter der Bezeichnung „Seku" (Schopper) eingeführter statischer Härteprüfer, den Abb. 103 in Anwendung auf dem Bauplatz zeigt.

Heimatrecht im deutschen Werkstoffprüfwesen hat von den ausländischen Härteprüfarten der neueren Zeit sich auch das Shoresche Verfahren: die Härteprüfung mittels des S k l e r o s k o p s, errungen. Das Skleroskop ist eine senkrecht stehende oder zu haltende Glasröhre, in der ein Hämmerchen mit harter Spitze herunterfällt. Der Rückprall des Hämmerchens wird an einer Skala festgestellt und als Härtemaßstab benutzt. Die zugrunde liegenden physikalischen Faktoren sind, da es sich ja vor allem um Elastizitätsfragen handelt, in mancher Hinsicht anderer Art als die bei den Eindringverfahren in Betracht kommenden. Wenn auch daher keine Beziehung zwischen den beiden Arten besteht, so kann doch das Skleroskop für sich zur Nachprüfung von Gleichmäßigkeiten sehr gute Dienste leisten; insbesondere beim Härten und Einsatzhärten.

Abb. 104 zeigt das Skleroskop in der in Deutschland üblichen Ausführung (Schuchardt und Schütte).

Abb. 105 gibt einen Blick in die Prüfstube eines Vergütungsbetriebes. Man sieht rechts im Bilde die schon erwähnte Überprüfung einer Massenlieferung mittels der Brinellmethode. Dann links im Bilde die Anwendung des Skleroskops. Der eine Gehilfe hält dasselbe freihändig, der andere benutzt einen Haltearm.

Der Biegeversuch.

Ein Zusammenwirken von Zugspannungen und Druckspannungen finden wir beim Biegeversuch. Zumeist liegt die dem Versuch unterworfene Probe hierbei beiderseits frei auf und wird in der Mitte belastet. Die Ausführung des Versuches erfolgt entweder mit allmählicher Laststeigerung in den sogenannten Biegemaschinen, wobei die Entfernung der Auflager und die Stärke der Stempel geändert werden kann, oder unter Fallwerken, die gestatten, Hämmer von verschiedenen Gewichten aus wechselnden Höhen auf den Probestab fallen zu lassen.

Verfolgt man die Formänderungen beim Biegeversuch, so beobachtet man an den nach der Angriffsseite der Last zu liegenden Fasern eine Verkürzung, an den gegenüberliegenden eine Längung. Es werden also die Fasern auf der Angriffsseite der Last auf Druck, die der gegenüberliegenden Seite auf Zug beansprucht. Da die Spannung demnach

Abb. 105

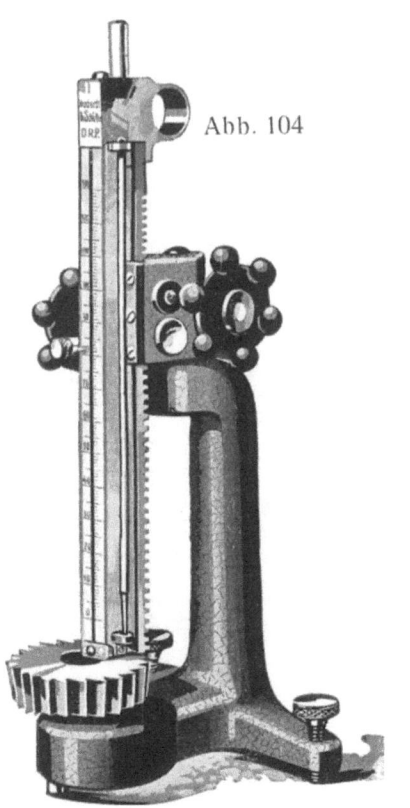

Abb. 104

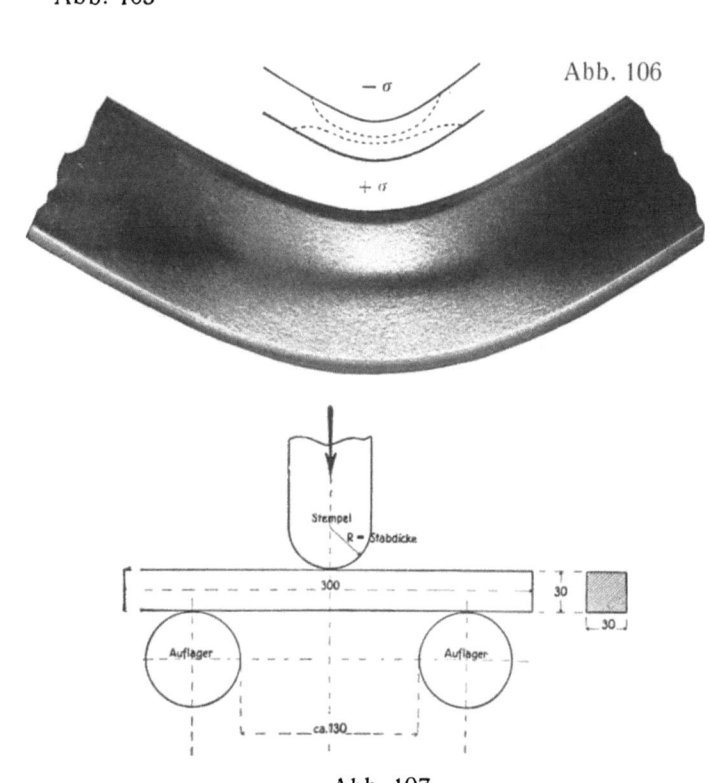

Abb. 106

Abb. 107

Abb. 108 Abb. 109

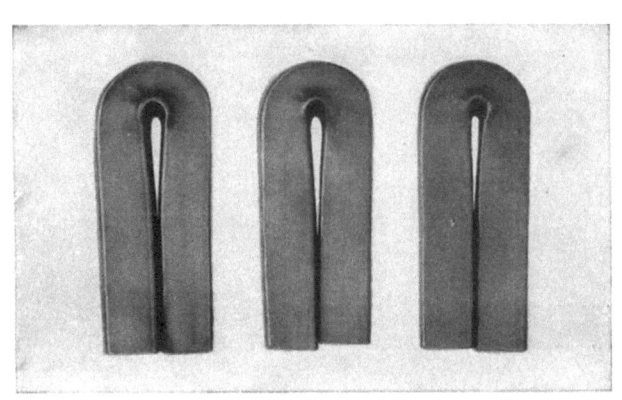 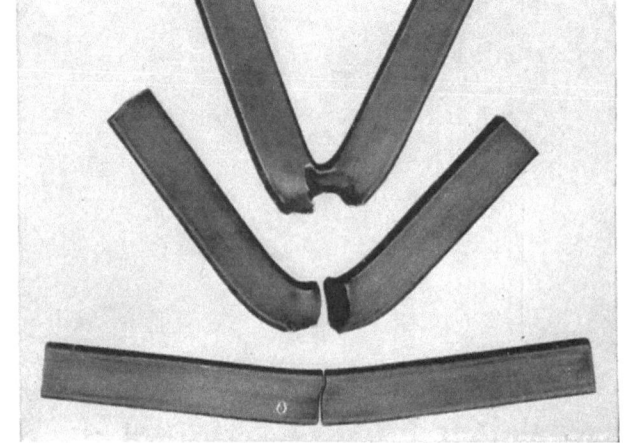

Abb. 110 Abb. 111

Abb. 112

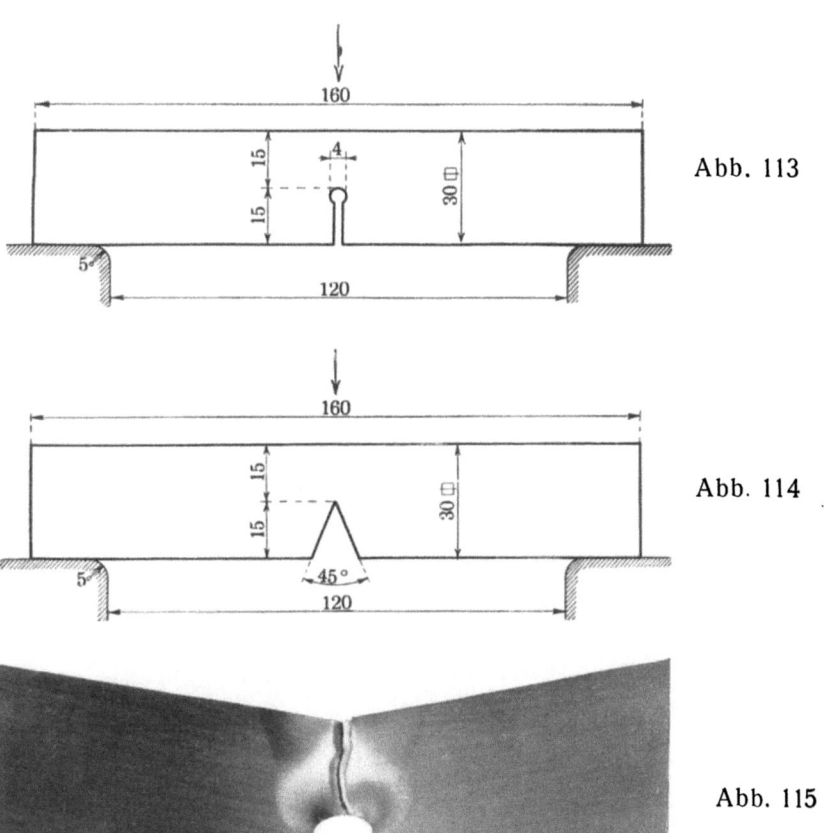

Abb. 113

Abb. 114

Abb. 115

4 mkg/qcm

12 mkg/qcm

etwa 28 mkg/qcm

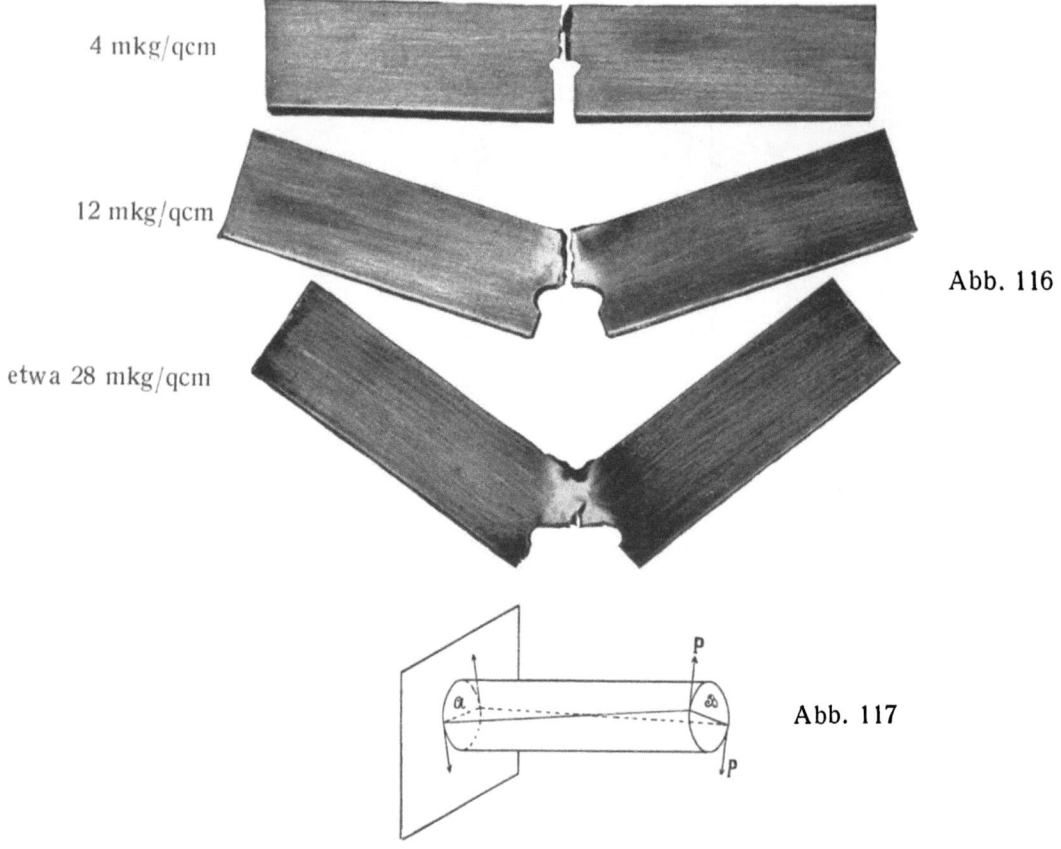

Abb. 116

Abb. 117

Abb. 118

innerhalb des Querschnittes ihre Richtung wechselt, muß sie durch Null durchgehen, d. h., wir haben beim Biegen eine gewisse Faserschicht als spannungslos anzusprechen. Man bezeichnet sie als Neutralfaserschicht. Die Fließfiguren auf einer Biegeprobe sowie die Krispelung zeigen deutlich die 3 Zonen. Abb. 106.

Von den verschiedenen Möglichkeiten, den Biegeversuch zur Güteprüfung des Werkstoffes anzuwenden, kommt für uns vor allem der sogenannte technologische Biegeversuch, d. h. der das Verhalten des Werkstoffes bei die Streckgrenze überschreitender Formänderung klarstellende Biegeversuch Abb. 107 bis 109, in Betracht. Hierbei wird der Biegewinkel gemessen, bei dem bestimmt dimensionierte Stäbe brechen; die Größe dieses Winkels dient dann als Maß der Zähigkeit des Werkstoffes, und man verlangt von gut zähem Werkstoff, daß die Probestäbe sich, ohne zu brechen, bis zur völligen Berührung beider Enden zusammenfalten lassen. Zumeist werden Stäbe vom Querschnitt 30 mm ☐ und einer Länge von 300 mm verwandt[1].

Beim Zugversuch wurden die Dehnungskurven von 3 Arten Konstruktionsstahl vorgeführt und auf die verschiedene Höhe der Streckgrenze bei gleicher Festigkeit hingewiesen. Aus den gleichen Stahlsorten möge je 1 Biegeprobe entnommen und gebogen sein. Abb. 110 zeigt das Ergebnis; die Proben verhielten sich alle drei gleich, trotzdem die Stähle, aus denen sie stammten, nachweislich verschieden zäh waren.

Der Prüfart haftet demnach ein gewisser Mangel an Unterscheidungsfähigkeit höherwertiger Stähle an. Dieser Mangel wird sofort behoben, wenn vor dem Biegen in die gezogene Seite der Probe eine Kerbe gemacht wird. Der unterschiedliche Zähigkeitswert ist dann an der verschiedenen Größe der Biegewinkel erkenntlich, Abb. 111, bei denen die Proben nunmehr brachen. Zugleich ist dies ein Beweis für die von der Werkstoffprüfung auf Grund ihrer Erfahrungen mit wachsendem Nachdruck betonte Bedeutung der Kerbwirkung an einem Werkstück: einer Wirkung, die sich zur unmittelbaren Gefahr erhöht, wenn die Beanspruchung dynamisch erfolgt.

Als Beispiele von Kerben möge zunächst an Keilnuten, tief eingeschlagene Nummern, Fabrikzeichen oder Abnahmestempel und ähnliches erinnert werden; auch Einhübe in Kesselblechen gehören hierzu. Aber die Frage der Kerbgefahr reicht viel weiter. An jeder plötzlichen Querschnitts- oder Richtungsänderung eines Stückes tritt das für die Kerbwirkung kennzeichnende schroffe örtliche Anschwellen der Spannung auf, und die Erfahrung liefert reichliche Belege dafür, daß alle noch so gut abgerundeten Absätze im Grunde ihres Wesens nichts anderes sind als mehr oder minder starke Einwirkungen. Es ist somit bei der Formgebung der Maschinenteile oft unmöglich, die Kerbgefahr konstruktiv völlig zu vermeiden.

Die Kerbschlagprüfung.

Um der Kerbgefahr durch geeignete Auswahl der Stoffe begegnen zu können, hat die Werkstoffprüfung die sogenannte Kerbschlagprüfung eingeführt und seinerzeit auch genormt. Die von der Probe beim Durchschlagen mit einem Schlag aufgenommene Schlagarbeit in mkg teilt man durch den Probenquerschnitt in cm² und erhält so die Kerbzähigkeit in mkg/cm².

Abb. 112 zeigt das Pendelschlagwerk nach den Normen des Deutschen Verbandes für die Materialprüfungen der Technik, Abb. 113 die zugehörige Normalprobe, Abb. 114 eine gleichdimensionierte Probe, jedoch mit scharfem Kerbgrund. Abb. 115 läßt die Fließfiguren auf einer geschlagenen Probe erkennen und veranschaulicht, wie die Kerbe den Stoff zwingt, die der aufzunehmenden Arbeit entsprechende Formänderung in verringertem Raum zu vollziehen, unter entsprechendem Anschwellen der Spannung. Bei scharfem Kerbgrund treten diese Verhältnisse noch stärker als bei abgerundetem Grund hervor.

Der Grad der Fähigkeit, diese Spannungsanschwellung durch genügend ausgiebige und genügend rasche Verformung ausgleichen zu können, drückt sich in den Kerbzähigkeitszahlen aus. Abb. 116.

Im Laufe der Zeit haben sich verschiedene Mißliebigkeiten und Widersprüche bei dieser an sich so wertvollen Prüfart herausgestellt. Es können z. B. Werkstoffe genau gleiche Kerbzähigkeitszahlen ergeben und sich doch im Betrieb völlig verschieden verhalten. Die Kerbschlagprobe ist ein klassisches Beispiel für das eingangs Gesagte, daß ein zunächst sehr befriedigendes, vielleicht eine sehr empfindliche Lücke ausfüllendes Prüfverfahren sich bei längerer Anwendung als doch nicht eindeutig genug erweisen kann,

---
[1] DIN 1605 III.

so daß erst ein vollständiger Umbau in gemeinsamer Arbeit der Werkstoffprüfung und Werkstofforschung erfolgen muß, der zurzeit für die Kerbschlagprüfung im Gange ist. Gültig bleibt aber für den Praktiker, daß die Kerbschlagprüfung ihm Aufschluß darüber gibt, ob der Werkstoff in der geeignetsten Wärmebehandlung, d. h. im Gefügezustand größter Zähigkeit, vorliegt oder nicht.

Der Verdrehungs- oder Torsionsversuch.

Wird ein stabförmiger Körper bei der Drehung an dem einen Ende festgehalten, so ergeben sich die Verhältnisse des Verdrehungs- oder Torsionsversuches. Abb. 117 und 118.

Bei der technischen Güteprüfung mittels des Verdrehungsversuches wird zumeist ermittelt, welchen Betrag an Verdrehung, gemessen in Winkelgraden, oder welche Anzahl Verdrehungen auf eine bestimmte Länge der Werkstoff bis zum Bruch aushält.

Abb. 119 und 120 zeigen das Ergebnis von Verdrehungsversuchen mit einem Flußeisenstab von 80 mm □ (3mal um 360 Grad bei 1700 mm Länge verdreht) und mit einem Gußeisenhohlstab von 150/80 mm Durchmesser.

Bei seiner Anwendung zur Prüfung von Drähten wird der Verdrehungsversuch auch als Verwindungsversuch bezeichnet.

Als weitere Proben für die Prüfung der Drähte sei der Umschlagversuch, bei dem festgestellt wird, wieviel Biegungen um 180 Grad der Draht bis zum Bruch aushält, sowie der Wickelversuch erwähnt.

Die Deutung des Bruchaussehens.

Hier möge eine, das gesamte mechanische Prüfwesen betreffende Bemerkung eingeschaltet werden. Die auf den Bruchflächen der Probestäbe sich zeigenden Erscheinungen, das sogenannte Bruchaussehen, waren von jeher ein wichtiges Hilfsmittel für die Werkstoffprüfung, die aus dem Bruchaussehen weitgehende Schlüsse auf die Güte des Werkstoffes zieht. Die Deutung des Bruchaussehens, ganz allgemein, gehört daher zu den wichtigsten Verfahren der praktischen Werkstoffprüfung.

Um beispielsweise das im Bilde 121 (links) gezeigte Bruchaussehen, das auf den ersten Blick nach Werkstoffehler aussieht, zu deuten, muß man auf das von Kirsch entworfene Schema des Zerreißvorganges zurückgreifen. Nach diesem Schema beginnt der Bruch in der Achse des Stabes und setzt sich zunächst über eine Kreisfläche, die ebene Grundfläche des Trichters, fort, um darauf den schrägen Trichterflächen zu folgen, Abb. 122. In dem mittleren, ebenen Teil wird die Zugfestigkeit und in den Trichterflächen die Schubfestigkeit überwunden. Nach Kirsch ist das Zeitmaß, in dem sich beides vollzieht, verschieden: Das Zerreißen unter der Einwirkung der Zugspannungen geht langsamer, das Loslösen unter der Einwirkung der Schubspannungen rascher vor sich. Wir haben also verschiedene Trenngeschwindigkeiten in den mittleren und den Randteilen. Wenn sich der Prüftechniker nun des Hinweises auf die jedem Werkstoff innewohnende, verschiedene Arbeitsschnelligkeit erinnert, so vermag er diese im ersten Augenblick nach Werkstoffungänze aussehende Brucherscheinung ohne weiteres zu deuten. Der Werkstoff, es handelt sich um Kohlenstoffstahl von rund 70 kg/mm² Festigkeit, hat offenbar eine Arbeits- oder Formänderungsschnelligkeit, die zwischen den beiden Trenngeschwindigkeiten in den mittleren und den Randteilen liegt. Die geringere Trenngeschwindigkeit in dem mittleren Teil gestattete ihm hinreichende Verformung, um ein feines, mattfarbiges Bruchgefüge zu zeigen, der größeren Geschwindigkeit in den Randteilen vermochte er nicht zu folgen und zeigt daher in diesen Teilen grobes kristallinisches Bruchkorn.

Erhöht man die Versuchstemperatur und damit die Arbeitsschnelligkeit des Werkstoffes, so verbreitet sich die verformte Zone über den ganzen Querschnitt. Abb. 123.

Auf Biegeproben beobachtet man öfters die Zwiefältigkeit in Form von Streifen. Solche Unstetigkeiten sind nach dem bisher Gesagten dem Prüftechniker ein Zeichen dafür, daß der Geschwindigkeitsablauf bei der Trennung in Zeitschwingungen erfolgt ist. Ich habe daher diese Streifen bereits früher als Schwingungsstreifen bezeichnet, sie lassen sich willkürlich erzeugen. Willkürlich erzeugte Schwingungsstreifen in sehr schöner Klarheit zeigt statisch erzeugt Abb. 124, dynamisch erzeugt Abb. 125. Man kann so die unglaublichsten Brucherscheinungen herbeiführen. Abb. 126 und 127. Die Schwingungsstreifen treten auch bei Betriebsunfällen auf, wenn der Bruch des Stückes so erfolgte, daß Geschwindigkeitsschwingungen mitspielten.

Abb. 128 und 129 zeigen ein zunächst einseitig gerissenes und dann weiter unter Biegungsbeanspruchung gebrochenes Kettenglied; die Bruchfläche läßt ausgesprochene Schwingungsstreifen erkennen, deren Erzeugung wohl auf das ruckweise Verlegen des Lastangriffpunktes A nach A' zurückzuführen ist.

Abb. 119

Abb. 120

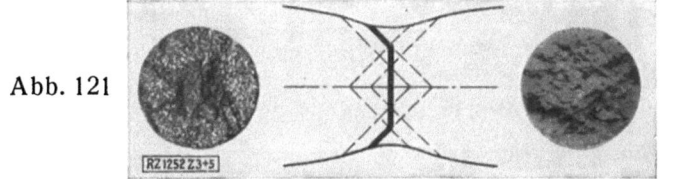

Abb. 121   Abb. 123

Abb. 122

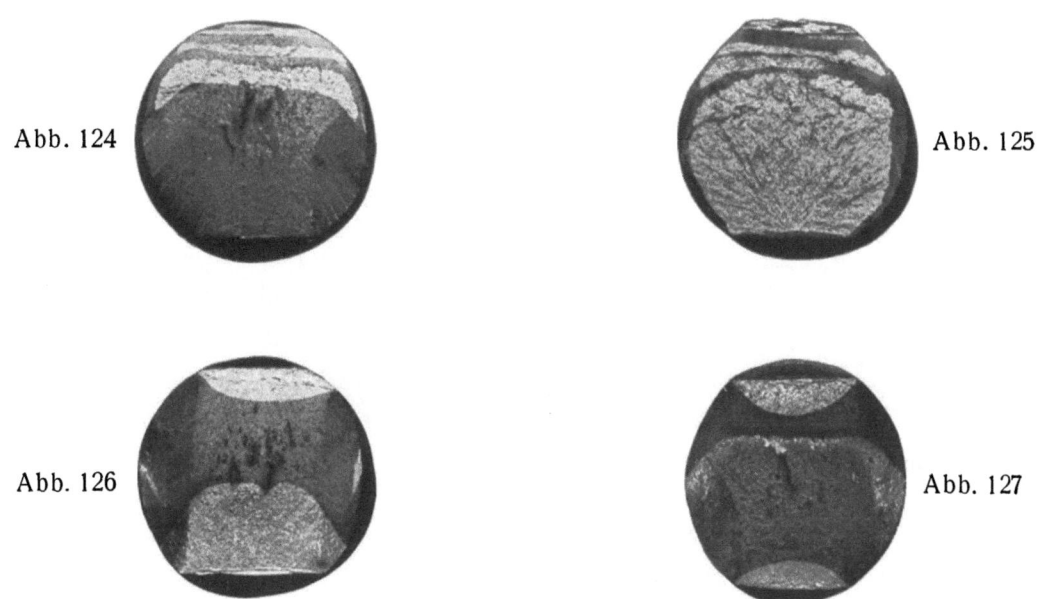

Abb. 124   Abb. 125

Abb. 126   Abb. 127

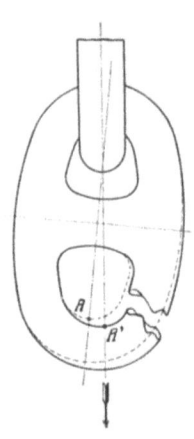

Abb. 128

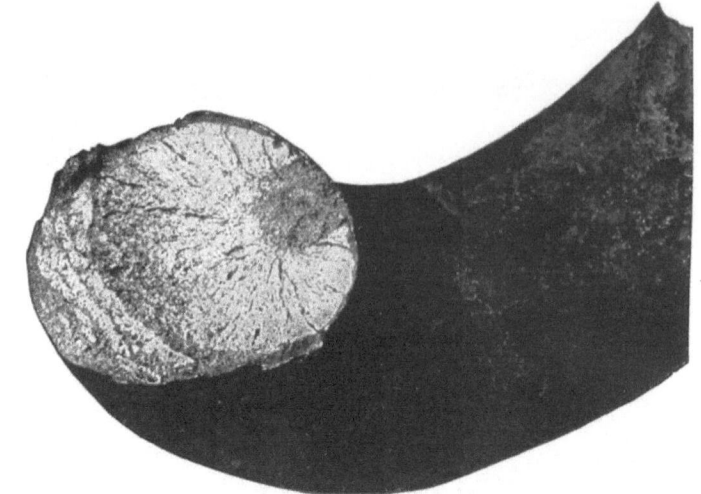

Abb. 129

Abb. 130

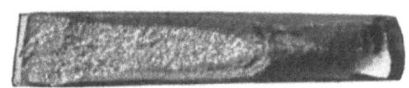

Abb. 131

Abb. 132

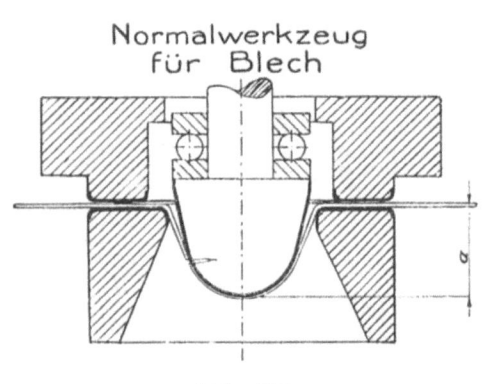

Abb. 133

Abb. 134

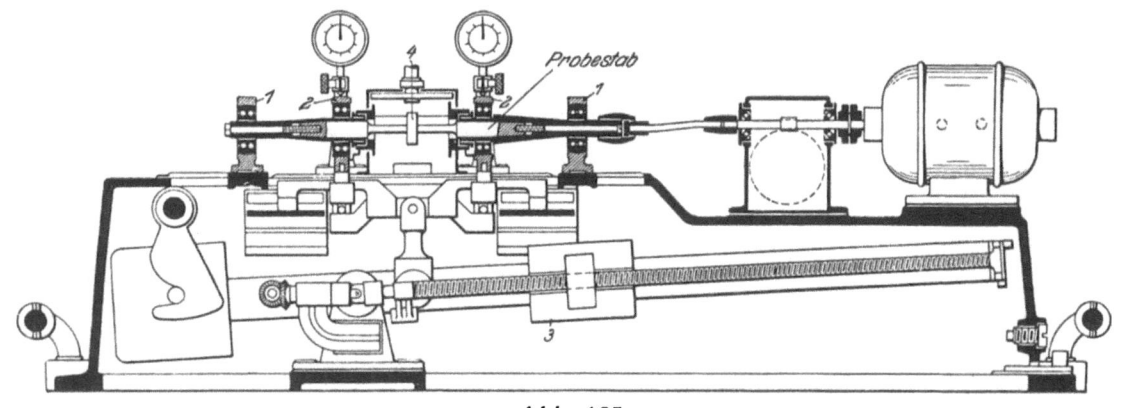

Abb. 135

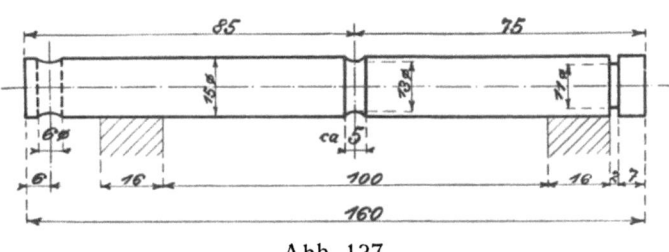

Abb. 136

Abb. 137

Abb. 138

Abb. 139

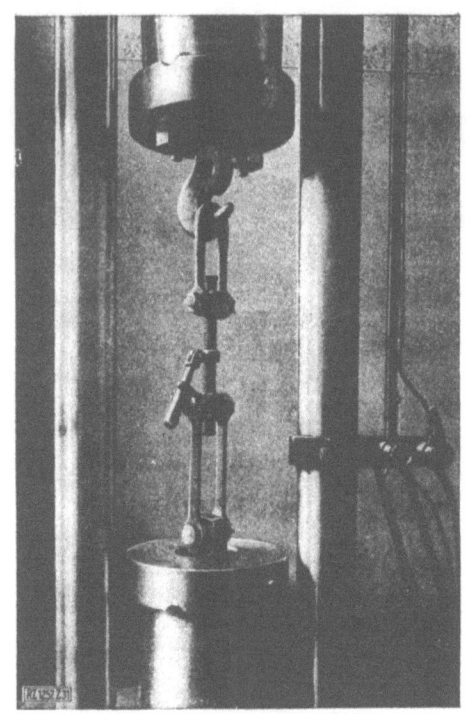

Abb. 140

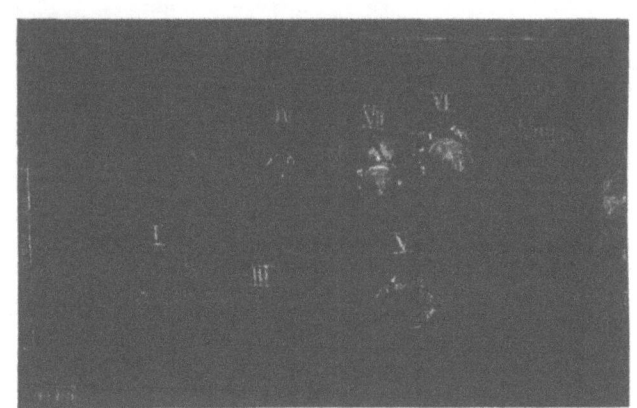

Abb. 141

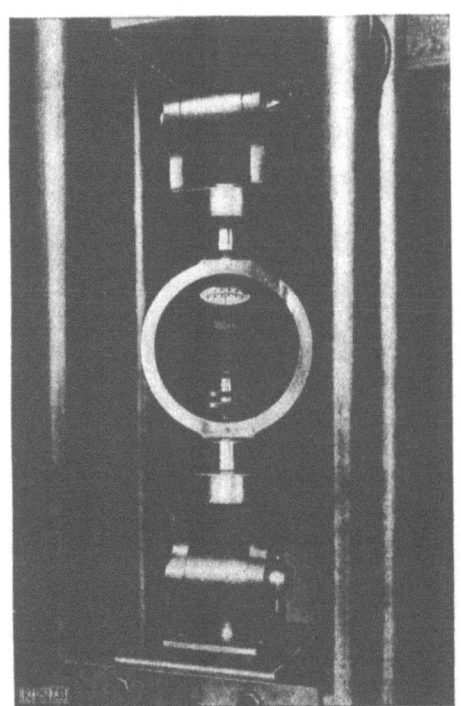

Abb. 143

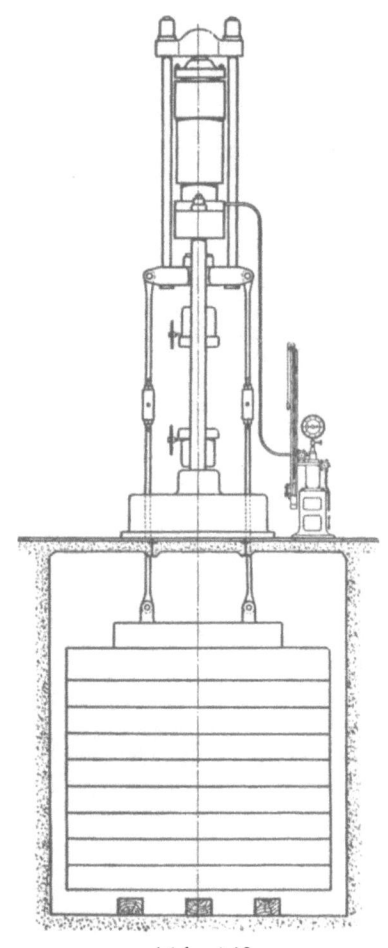

Abb. 142

Abb. 130 bis 132 zeigen eine wirklich auf Ungänze des Werkstoffes beruhende Erscheinung. Es handelt sich um einen von der Kante eines Bleches stammenden Flachzerreißstab. Wie die Aufnahme des Reißendes, Abb. 130, zeigt, hat der Stab in seiner rechten Hälfte gut eingeschnürt, riß dagegen in der linken Hälfte ohne jegliche Einschnürung. In der Draufsicht auf die Bruchfläche, Abb. 131, erkennt man in der rechten (eingeschnürten) Hälfte feinkörniges, fast sehniges Bruchaussehen, in der linken (nichteingeschnürten) Hälfte körnigen Bruch. Die metallographische Untersuchung lieferte den in Abb. 132 dargebotenen Befund: Soweit der körnige Bruch reicht, soweit erstreckt sich eine von der Blechmitte ausgehende Seigerungszone in den Stab hinein.

Die Beurteilung des Aussehens des Bruches und seiner Umgebung spielt z. B. eine ausschlaggebende Rolle bei dem gut eingeführten Prüfverfahren dünner Bleche nach Erichsen, Abb. 133 und 134, neben der Feststellung des „Zieh- oder Tiefungswertes".

Dauerversuche.

Dauerversuche teils statischer, teils dynamischer Art sind in letzter Zeit von verschiedener Seite ausgebildet worden, von der Überlegung ausgehend, daß die Anwendung verhältnismäßig schwacher, aber oft wiederholter oder lange andauernder Belastungen den normalen Beanspruchungen im Betriebe entspricht. Insbesondere sucht man auf diesem Wege die sogenannten Ermüdungserscheinungen der Werkstoffe zu klären.

Der Dauerbiegeversuch.

Erwähnt sei hier die Dauerbiegemaschine von Lehr-Schenk, Abb. 135, die schon stellenweise Eingang in die Materialprüfung der Technik gefunden hat.

Ein in zwei ortsfesten Lagern 1,1 umlaufender Stab wird in seinem mittleren Teil durch an zwei übergeschobenen Kugellagern 2,2 hängende Belastung einem gleichmäßigen Biegemoment unterworfen, dessen Größe durch Verschieben eines Laufgewichtes 3 weitgehend verändert werden kann. Der Umlauf des Stabes wird durch einen mittels biegsamer Welle angekuppelten Gleichstrommotor bewirkt, dessen Leistung gemessen wird.

Infolge der ständigen Drehung des Stabes durchlaufen seine Fasern unter der Belastung ein fortgesetztes Wechselspiel zwischen Zug und Druck; der Stab verbraucht für diesen Wechselprozeß eine gewisse Hysteresisarbeit. Von einer bestimmten Belastung ab nimmt die hierfür aufzuwendende Leistung des Motors rasch zu. Vergleichsversuche haben ergeben, daß diese Belastungsstufe der sogenannten Dauerfestigkeit (Schwingungsfestigkeit) des Werkstoffes entspricht, d. i. derjenigen Belastung, die er ohne Schaden dauernd auszuhalten vermag.

Der Dauerwechsel-Schlagversuch.

Der Dauerwechsel-Schlagversuch, Abb. 136, ist zugleich ein Beispiel solcher Prüfarten, die, für einen eng begrenzten praktischen Zweck ersonnen, nachher für weitergehende Prüfungen Anwendung finden, auch wenn die theoretische Klärung der sich abspielenden Vorgänge noch nicht restlos erreicht ist. Als ich das Maschinchen entwarf und erstmalig ausführte, hatte ich einen ganz bestimmten Fall im Auge, nämlich die Prüfung verschiedener Werkstoffe hinsichtlich ihres Verhaltens als Eisenbahnachse. Die Eisenbahnachse ist ein runder Stab, mit Kerben behaftet (die Einspannung an der Nabe wirkt nämlich nicht anders als eine Kerbe) und erhält beständig Stöße, wobei sich die Achse dreht, so daß die Fasern abwechselnd auf Zug und Druck beansprucht sind. Beim Dauerwechsel-Schlagversuch fällt auf den rundum gekerbten Probestab, Abb. 137, ein durch einen Exzenter immer wieder angehobener Hammer frei herab, wobei der Stab sich dreht. Die Anzahl der Schläge bis zum Bruch wird gemessen. Bruchproben mit den ausgesprochenen Kennzeichen des Dauerbruches, wie sie ja von den Bahnachsen her bekannt sind, zeigt Abb. 138. Links: Stab zwischen je 2 Schlägen um 15° gedreht; rechts: Stab zwischen je 2 Schlägen um 180° gedreht.

Das Maschinchen hat dann unter der Bezeichnung Kruppsches Dauerschlagwerk allgemein Eingang ins technische Prüfwesen gefunden, da es sich bald gezeigt hat, daß die mittels der Maschine nachgeahmte Beanspruchungsart nicht nur bei den Eisenbahnachsen vorkommt, sondern eine außerordentlich häufige Betriebsbeanspruchung ist, z. B. des Schwinghebels eines schnellschlagenden Dampfhammers.

Wegen der langen Dauer des Einzelversuches wird das Schlagwerk auch batterieweise aufgestellt, mit selbsttätigem Ausschalter für jedes Maschinchen. Abb. 139.

Fertigprüfungen.

Die bisher vorgeführten Prüfarten bezogen sich durchweg auf das eingangs als mittelbar bezeichnete Verfahren mittels entnommener Proben. Abb. 140 zeigt ein erstes Beispiel der unmittelbaren Prüfung. Eine fertige Eisenbahnkupplung ist in die 200-t-Maschine eingespannt und wird als Ganzes zerrissen, wobei die in den einzelnen Bestandteilen sich abspielenden Vorgänge verfolgt und so die Bewährung der für die einzelnen Teile gewählten Werkstoffe verschiedener Art geprüft wird.

Wohl die gewaltigste und durch Aufwand an Mitteln und Kraft eindrucksvollste unmittelbare Werkstoffprüfung fertiger Stücke ist die Prüfung der Panzerplatten mit betriebsmäßiger Beanspruchung, also durch den Beschuß, Abb. 141.

Kontrolle der Prüfmaschinen.

Alle Prüfmaschinen müssen der Eichung und dauernder, regelmäßiger Nachprüfung unterzogen werden. Die Maschinenprüfungen können mittels unmittelbarer Gewichtsbelastung, Abb. 142, oder unter Verwendung von selbst wieder geeichten Probestäben, Federn, Abb. 143, usw. erfolgen.

Der in Abb. 143 in Anwendung bei einer Brinellpresse wiedergegebene handliche Eichapparat ist der für Zug- und Druckeichung geeignete Mikrotastkraftmesser. Bekannt und viel angewendet ist auch der Kraftprüfer System Wazau.

Schrifttum für Ergänzungsunterrichtung:

C. Bach und R. Baumann, Elastizität und Festigkeit.
   9. Aufl. Berlin: Julius Springer 1924.
C. Bach und R. Baumann, Festigkeitseigenschaften und Gefügebilder.
   2. Aufl. Berlin: Julius Springer 1921.
A. Martens, Materialienkunde für den Maschinenbau I. Berlin: Julius Springer 1898.
A. Martens-E. Heyn, Materialienkunde für den Maschinenbau II.
   Berlin: Julius Springer 1912.
K. Memmler, Das Materialprüfungswesen.
M. Moser, Die Werkstoffprüfung, in Puppe-Stauber, Handbuch des Walzwerkwesens.
W. Müller, Materialprüfung und Baustoffkunde für den Maschinenbau.
O. Wawrziniok, Handbuch des Materialprüfwesens.
   2. Aufl. Berlin: Julius Springer 1923.
P. W. Döhmer, Die Brinellsche Kugeldruckprobe. Berlin. Julius Springer 1925.
E. Lehr, Die Abkürzungsverfahren zur Ermittlung der Schwingungsfestigkeit.
Werkstoffnormen (Dinormen).

Fachaufsätze in:

Zeitschrift des Vereins Deutscher Ingenieure.
Kruppsche Monatshefte.

Durch das liebenswürdige Entgegenkommen von Verfasser und Verlag konnten verwendet werden:

aus P. Goerens „Einführung in die Metallographie", Verlag Wilh. Knapp, Halle, die Abbildungen 23, 24, 31, 35, 37—40, 43, 51—54, 56, 64, 67;

aus P. Oberhoffer „Das technische Eisen", Verlag Jul. Springer, Berlin, die Abbildungen 19, 20, 22, 27—30, 33, 34, 45, 46, 59—62, 66;

aus „Gemeinfaßliche Darstellung des Eisenhüttenwesens", Verlag Stahleisen, Düsseldorf, die Abbildungen 1—5, 9, 10, 13;

aus „Hütte", Taschenbuch für Eisenhüttenleute, Verlag Wilh. Ernst & Sohn, Berlin, die Abbildungen 7, 79;

aus „Stahl und Eisen", Verlag Stahleisen, Düsseldorf (Moser „Beobachtungen bei der Kugeldruckprobe"), die Abbildungen 25, 26, 49, 50;

aus „Zeitschrift des V. D. I." 1926, V.-D.-I.-Verlag, Berlin (Moser „Die Werkstoffprüfungen in der Praxis"), die Abbildungen 83, 86, 95, 99—101, 110, 111, 121—123, 136, 140, 141, 143;

aus „Kruppsche Monatshefte" 1920 (Moser „Die mechanische Prüfung der Werkstoffe auf der Kruppschen Gußstahlfabrik") die Abbildungen 78, 80—82, 87, 88, 90—93, 98, 105, 107—109, 112—114, 116, 117, 118, 137—139, 142;

aus „Kruppsche Monatshefte" 1921 (Fry „Kraftwirkungsfiguren in Flußeisen, dargestellt durch ein neues Ätzverfahren"; Strauß und Fry „Rißbildung in Kesselblechen") die Abbildungen 21, 68—72; (Moser „Werkstoffehler oder Brucherscheinung?") die Abbildungen 106, 124—132;

aus „Kruppsche Monatshefte" 1922 (Wendt „Konstruktionsforderungen und Eigenschaften des Stahles") die Abbildungen 17, 18, 42, 44, 57, 58;

aus „Kruppsche Monatshefte" 1923 (Fischer „Rekristallisationsversuche allgemeiner Art und zahlenmäßige Feststellungen über Festigkeitseigenschaften rekristallisierten Flußeisens (Weicheisens) die Abbildungen 63, 65;

aus „Kruppsche Monatshefte" 1924 (Moser „Die Ergebnisse des Kerbschlagversuches") die Abbildung 115.

aus „Kruppsche Monatshefte" 1926 (Fry „Das Verhalten der Kesselbaustoffe im Betrieb) die Abbildungen 76, 77.

Ferner wurden freundlichst zur Verfügung gestellt:

Abb. 36 von Firma Carl Zeiß, Jena;
Abb. 102 von Herrn Hermann Steinrück, Berlin;
Abb. 103 von Firma Louis Schopper, Leipzig;
Abb. 104 von Firma Schuchardt & Schütte, A.-G., Berlin;
Abb. 133 und 134 von Herrn A. M. Erichsen, Berlin.
Abb. 135 von Firma Carl Schenck, Darmstadt.

Verlag von Julius Springer · Berlin

Die Dampfkessel nebst ihren Zubehörteilen und Hilfseinrichtungen.
Ein Hand- und Lehrbuch zum praktischen Gebrauch für Ingenieure, Kesselbesitzer und Studierende. Von Reg.-Baumeister Prof. **R. Spalckhaver**, Altona a. d. E., und Ing. **Fr. Schneiders †**, M.-Gladbach (Rhld.). Z w e i t e , verbesserte Auflage. Unter Mitarbeit von Dipl.-Ing. **A. Rüster**, Oberingenieur und stellvertretender Direktor des Bayerischen Revisions-Vereins. Mit 810 Abbildungen im Text. VIII, 481 Seiten. 1924.
Gebunden RM. 40,50.

F. Tetzner, Die Dampfkessel.
Lehr- und Handbuch für Studierende Technischer Hochschulen, Schüler Höherer Maschinenbauschulen und Techniken sowie für Ingenieure und Techniker. S i e b e n t e , erweiterte Auflage von Studienrat **O. Heinrich**, Berlin. Mit 467 Textabbildungen und 14 Tafeln. IX, 413 Seiten. 1923.
Gebunden RM. 10,—.

Amerikanische und deutsche Großdampfkessel.
Eine Untersuchung über den Stand und die neueren Bestrebungen des amerikanischen und deutschen Großdampfkesselwesens und über die Speicherung von Arbeit mittels heißen Wassers. Von Dr.-Ing. **Friedrich Münzinger**. Mit 181 Textabbildungen. VI, 178 Seiten. 1923.
RM. 6,—.

Die Leistungssteigerung von Großdampfkesseln.
Eine Untersuchung über die Verbesserung von Leistung und Wirtschaftlichkeit und über neuere Bestrebungen im Dampfkesselbau. Von Dr.-Ing. **Friedrich Münzinger**. Mit 173 Textabbildungen. X, 164 Seiten. 1922.
Gebunden RM. 6,—.

Höchstdruckdampf.
Eine Untersuchung über die wirtschaftlichen und technischen Aussichten der Erzeugung und Verwertung von Dampf sehr hoher Spannung in Großbetrieben. Von Dr.-Ing. **Friedrich Münzinger**. Mit 120 Textabbildungen. XII, 140 Seiten. 1926.
RM. 7,20; gebunden RM. 8,70.

Die Widerstandsfähigkeit von Dampfkesselwandungen.
Sammlung von wissenschaftlichen Arbeiten deutscher Materialprüfungsanstalten. Herausgegeben von der **Vereinigung der Großkesselbesitzer E. V.** E r s t e r B a n d . **Stuttgarter Arbeiten bis 1920** mit einem Anhang neuerer Stuttgarter Arbeiten. Mit 176 Textabbildungen. VIII, 81 Seiten. 1927.
Gebunden RM. 13,50.

Kesselbetrieb.
Sammlung von Betriebserfahrungen, als Studie zusammengestellt vom Arbeitsausschuß für Betriebserfahrungen der **Vereinigung der Großkesselbesitzer E. V.** (Sonderheft Nr. 14 der Mitteilungen der Vereinigung der Großkesselbesitzer E. V., Charlottenburg, Oktober 1927). IV, 137 Seiten. 1927.
Gebunden RM. 10,—.

Zur Sicherheit des Dampfkesselbetriebes.
Berichte aus den Arbeiten der Vereinigung der Großkesselbesitzer E. V. Verhandlungen der Technischen Tagung in Kassel 1926 und Forschungen des Arbeitsausschusses für Speisewasserpflege. Herausgegeben von der **Vereinigung der Großkesselbesitzer E. V.** Mit 311 Textabbildungen. VI, 189 Seiten. 1927.
Gebunden RM. 28,50.

Die Werkstoffe für den Dampfkesselbau.
Eigenschaften und Verhalten bei der Herstellung, Weiterverarbeitung und im Betriebe. Von Oberingenieur Dr.-Ing. **K. Meerbach**. Mit 53 Textabbildungen. VIII, 198 Seiten. 1922.
RM. 7,50; gebunden RM. 9,—.

Die Kessel- und Maschinenbaumaterialien
nach Erfahrungen aus der Abnahmepraxis kurz dargestellt für Werkstätten- und Betriebsingenieure und für Konstrukteure. Von **O. Hönigsberg**, Zivilingenieur, Wien. Mit 13 Textabbildungen. VIII, 90 Seiten. 1914.
RM. 3,—.

Handbuch der Materialienkunde für den Maschinenbau.
Von Geh. Oberregierungsrat Prof. Dr.-Ing. **A. Martens †**, Direktor des Materialprüfungsamts in Groß-Lichterfelde. In zwei Teilen.
E r s t e r T e i l : Materialprüfungswesen, Probiermaschinen und Meßinstrumente. Vergriffen.
Z w e i t e r T e i l : Die technisch wichtigen Eigenschaften der Metalle und Legierungen. Von Prof. **E. Heyn †**. Hälfte A: D i e w i s s e n s c h a f t l i c h e n G r u n d l a g e n f ü r d a s S t u d i u m d e r M e t a l l e u n d L e g i e r u n g e n . M e t a l l o g r a p h i e . Mit 489 Abbildungen im Text und 19 Tafeln. XXXII, 506 Seiten. 1912. Unveränderter Neudruck 1926.
Gebunden RM. 42,—.

Verlag von Julius Springer · Berlin

Handbuch des Materialprüfungswesens für Maschinen- und Bauingenieure.
Von Prof. Dipl.-Ing. Otto Wawrziniok, Dresden. Zweite, vermehrte und vollständig umgearbeitete Auflage. Mit 641 Textabbildungen. XX, 700 Seiten. 1923.
Gebunden RM. 24,—.

Die Chemie der Bau- und Betriebstoffe des Dampfkesselwesens.
Von Dipl.-Ing. R. Stumper, Vorsteher der chemisch-metallographischen Versuchsanstalt der Burbacher Hütte (Vereinigte Hüttenwerke Burbach-Eich-Düdelingen). Mit 101 Textabbildungen. XI, 309 Seiten. 1928.
Gebunden RM. 24,—.

Die Brinellsche Kugeldruckprobe
und ihre praktische Anwendung bei der Werkstoffprüfung in Industriebetrieben. Von Ing. P. Wilh. Döhmer, Schweinfurt. Mit 147 Abbildungen im Text und 42 Zahlentafeln. VI, 186 Seiten. 1925.
Gebunden RM. 18,—.

Elastizität und Festigkeit.
Die für die Technik wichtigsten Sätze und deren erfahrungsmäßige Grundlage. Von C. Bach und R. Baumann. Neunte, vermehrte Auflage. Mit in den Text gedruckten Abbildungen, 2 Buchdrucktafeln und 25 Tafeln in Lichtdruck. XXVIII, 687 Seiten. 1924.
Gebunden RM. 24,—.

Festigkeitseigenschaften und Gefügebilder der Konstruktionsmaterialien.
Von Prof. Dr.-Ing. C. Bach und Prof. R. Baumann, Stuttgart. Zweite, stark vermehrte Auflage. Mit 936 Figuren. IV, 190 Seiten. 1921.
Gebunden RM. 18,—.

Über die Festigkeit elektrisch geschweißter Hohlkörper.
Versuche veranstaltet vom Schweizerischen Verein von Dampfkessel-Besitzern, 1923. Berichterstatter: Oberingenieur E. Höhn. 130 Seiten. 1924.
RM. 4,50.

Die Theorie der Eisen-Kohlenstoff-Legierungen.
Studien über das Erstarrungs- und Umwandlungsschaubild nebst einem Anhang: Kaltrecken und Glühen nach dem Kaltrecken. Von E. Heyn, weiland Direktor des Kaiser Wilhelm-Instituts für Metallforschung. Herausgegeben von Prof. Dipl.-Ing. E. Wetzel. Mit 103 Textabbildungen und 16 Tafeln. VIII, 185 Seiten. 1924.
Gebunden RM. 12,—.

Nieten und Schweißen der Dampfkessel,
dargestellt mit Berücksichtigung von Versuchen des Schweizerischen Vereins von Dampfkessel-Besitzern 1924/25. Von Oberingenieur E. Höhn. Mit 154 Abbildungen im Text und 28 Zahlentafeln. 148 Seiten. 1925.
RM. 8,—.

Das technische Eisen.
Konstitution und Eigenschaften. Von o. Prof. Dr.-Ing. Paul Oberhoffer, Aachen. Zweite, verbesserte und vermehrte Auflage. Mit 610 Abbildungen im Text und 20 Tabellen. X, 598 Seiten. 1925.
Gebunden RM. 31,50.

Handbuch zum Dampffaß- und Apparatebau.
Von Ing. G. Hönnicke. Mit 213 Textabbildungen und 114 Zahlentafeln. VII, 209 Seiten. 1924. Mit Nachtrag.
Gebunden RM. 16,—.

Brand-Seufert, Technische Untersuchungsmethoden zur Betriebsüberwachung,
insbesondere zur Überwachung des Dampfbetriebes. Zugleich ein Leitfaden für Maschinenbaulaboratorien technischer Lehranstalten. Neu herausgegeben von Dipl.-Ing. Franz Seufert, Oberingenieur für Wärmewirtschaft. Fünfte, verbesserte und erweiterte Auflage. Mit 334 Abbildungen, einer lithographischen Tafel und vielen Zahlentafeln. X, 430 Seiten. 1926.
Gebunden RM. 29,40.

Anleitung zur Durchführung von Versuchen an Dampfmaschinen, Dampfkesseln, Dampfturbinen und Verbrennungskraftmaschinen.
Zugleich Hilfsbuch für den Unterricht in Maschinenlaboratorien technischer Lehranstalten. Von Dipl.-Ing. Franz Seufert, Oberingenieur für Wärmewirtschaft. Achte, verbesserte Auflage. Mit 55 Abbildungen. VI, 161 Seiten. 1927.
RM. 3,60.

MIX
Papier aus verantwortungsvollen Quellen
Paper from responsible sources
FSC® C105338

If you have any concerns about our products,
you can contact us on
ProductSafety@springernature.com

In case Publisher is established outside the EU,
the EU authorized representative is:
Springer Nature Customer Service Center GmbH
Europaplatz 3, 69115 Heidelberg, Germany

Printed by Libri Plureos GmbH
in Hamburg, Germany